物理化学实验

主　编　卓　馨　王　聪

副主编　张孟杰　吴　宁

　　　　秦　苗

参　编　陆　艳　康　鹏

合肥工业大学出版社

前　　言

　　物理化学实验是高等学校化学、化工、材料、食品类等专业本科生必修课程,也是化学实验教学的重要组成部分。物理化学实验是集物理化学、结构化学、分析化学、高分子化学、电化学、食品化学、药物化学等相关理论教学于一体的实验科学,注重学生对理论方法、方案设计、实验操作和数据处理的综合训练。其开设目的在于:使学生掌握物理化学实验方法和技能,培养学生正确记录实验数据和现象,提高学生正确处理实验数据和分析结果的能力。通过实验课程学习使学生加深对物理化学、结构化学等课程中基本理论和概念的理解,提高他们运用这些基本理论的能力。

　　本书以实践环节为主,包含技术讲座和基础性实验两个部分。讲座内容包括课程的学习方法、安全防护、数据处理、报告书写和实验设计思想等。实验部分介绍相应的研究方法和实验技术,常见物理量(如:温度、压力、电势等)的测量,要求学生进行实际操作训练。实验内容包括化学热力学、电化学、化学动力学、表面化学与胶体化学和结构化学等方面的内容。

　　本书不仅注重经典实验、基本实验方法和常规仪器操作,还将学科前沿、现代实验方法和智能化仪器适量融入。在部分实验项目中还引入了物理化学实验在生产、生活实际和科学研究方面的应用实例,以培养学生分析问题和解决问题的能力,激发学生的创新意识、创新精神和创新能力,为学生今后从事化学相关领域的科学研究和技术开发工作打下扎实的基础。

　　为深入贯彻落实习近平总书记关于教育的重要论述和全国教育大会精

神,贯彻落实《高等学校课程思政建设指导纲要》,把思想政治教育贯穿人才培养体系,全面推进高校课程思政建设,发挥课程的育人作用,提高高校人才培养质量,编者在部分章节中将课程思政元素落实到课程的教材中。

本书由宿州学院王聪、卓馨主编并对全书进行审定,副主编为宿州学院的张孟杰、吴宁和秦苗。参与编写工作的还有南大万和科技有限公司的陆艳和安徽紫金新材料科技有限公司的康鹏。本书是从事物理化学实验教学的教师长期积累的成果,由宿州学院联合南大万和科技有限公司、中国石油化工股份有限公司安庆分公司、宿州中粮生物化学有限公司、安徽紫金新材料科技有限公司等多家企业共同编写。本书吸收了兄弟院校的一些有益经验,并得到学校相关部门和老师的大力支持,在此表示衷心感谢。

由于编者水平有限,缺点和错误之处在所难免,恳请广大读者提出宝贵意见。

编　者

2024 年 5 月

目　　录

绪　论 ……………………………………………………………… （1）

实验一　燃烧热的测定 …………………………………………… （15）

实验二　溶解热的测定 …………………………………………… （19）

实验三　液体饱和蒸气压的测定 ………………………………… （26）

实验四　凝固点降低法测摩尔质量 ……………………………… （30）

实验五　摩尔折光度的测定 ……………………………………… （36）

实验六　挥发性双液系 $T-X$ 图的绘制 ………………………… （44）

实验七　二组分金属相图的绘制 ………………………………… （50）

实验八　蔗糖水解速率常数的测定 ……………………………… （54）

实验九　乙酸乙酯皂化反应速率常数的测定 …………………… （59）

实验十　电导的测定及其应用 …………………………………… （64）

实验十一　电动势的测定及应用 ………………………………… （68）

实验十二　溶胶的制备及电泳 …………………………………… （75）

实验十三　溶液表面张力的测定 ………………………………… （80）

实验十四　磁化率的测定 ………………………………………… （87）

实验十五　偶极矩的测定 ………………………………………（94）

实验十六　BZ 振荡反应 …………………………………………（103）

实验十七　分光光度法测定弱电解质的电离常数 ………………（109）

实验十八　离子迁移数的测定 ……………………………………（116）

实验十九　粘度法测定高聚物的相对分子质量 …………………（122）

实验二十　三组分等温相图的绘制 ………………………………（127）

绪　　论

一、物理化学实验的目的、要求和注意事项

1. 目的

(1)使学生了解物理化学实验的基本实验方法和实验技术,学会通用仪器的操作,培养学生的动手能力。

(2)通过实验操作、现象观察和数据处理,锻炼学生分析问题、解决问题的能力。

(3)加深对物理化学基本原理的理解,给学生提供理论联系实际和理论应用于实践的机会。

(4)培养学生勤奋学习,求真、求实,勤俭节约的优良品德和科学精神。

1. 准备

(1)预习

学生在进实验室之前必须认真学习实验教材中有关的实验及基础知识,明确本次实验中测定什么量,最终求算什么量,用什么实验方法,使用什么仪器,控制什么实验条件。在此基础上,将实验目的、操作步骤、记录表和实验注意事项写在预习笔记本上。

进入实验室后不要急于动手做实验,首先要对照卡片查对仪器,看是否完好,发现问题及时向指导教师提出,然后对照仪器进一步预习,并接受教

师的提问、讲解,在教师指导下做好实验准备工作。

(2)实验操作及注意事项

经指导教师同意方可接通仪器电源进行实验。仪器的使用要严格按照"基础知识与技术"中规定的操作规程进行,不可盲动。对于实验操作步骤,通过预习应做到心中有数,严禁"抓中药"式的操作,不要看一下书,动一下手。实验过程中要仔细观察实验现象,发现异常现象应仔细查明原因,或请教指导教师帮助分析处理。实验结果必须经教师检查,数据不合格的应及时返工重做,直至获得满意结果,实验数据应随时记录在预习笔记本上,记录数据要实事求是,详细准确,且注意整洁清楚,不得任意涂改。尽量采用表格形式,要养成良好的记录习惯。实验完毕后,经指导教师同意后,方可离开实验室。

(3)实验报告

学生应独立完成实验报告,并在下次实验前及时送指导教师批阅。实验报告的内容包括实验目的、简明原理、实验装置简图(有时可用方块图表示)、简单操作步骤、数据处理、结果讨论和思考题。数据处理应有原始数据记录表和计算结果表示表(有时二者可合二为一),需要计算的数据必须列出算式,对于多组数据,可列出其中一组数据的算式。作图时必须按本绪论中数据处理部分的要求,实验报告的数据处理中不仅包括表格、作图和计算,还应有必要的文字叙述。例如:"所得数据列入××表""由表中数据作××～××图"等,以便使写出的报告更加清晰、明了,逻辑性强,便于批阅和留作以后参考。结果讨论应包括对实验现象的分析解释,查阅文献的情况,对实验结果误差的定性分析或定量计算,对实验的改进意见和做实验的心得体会等,这是锻炼学生分析问题的重要一环,应予重视。

(4)实验室规则

① 实验时应遵守操作规则和一切安全措施,保证实验安全进行。

② 遵守纪律,不迟到,不早退,保持室内安静,不大声谈笑,不到处乱走,不许在实验室内嬉闹及恶作剧。

③ 使用水、电、煤气、药品试剂等都应本着节约的原则。

④ 未经老师允许不得乱动精密仪器,使用时要爱护仪器,如果发现仪器损坏,立即报告指导教师并追查原因。

⑤ 随时注意室内整洁,火柴杆、纸张等废物只能丢入废物缸内,不能随地乱丢,更不能丢入水槽,以免堵塞。实验完毕将玻璃仪器洗净,把实验桌打扫干净,公用仪器、试剂药品等都整理整齐。

⑥ 实验时要集中注意力,认真操作,仔细观察,积极思考,实验数据要及时如实详细地记在预习报告本上,不得涂改和伪造。如果有记错可在原数据上划一杠,再在旁边记下正确值。

⑦ 实验结束后,由同学轮流值日,负责打扫整理实验室,检查水、煤气、门窗是否关好,电闸是否拉掉,以保证实验室的安全。

实验室规则是人们从事化学实验工作的经验总结,它是保持良好环境和工作秩序,防止意外事故,做好实验的重要前提,也是培养学生优良素质的重要措施。

二、物理化学实验中的误差及数据的表达

由于实验方法的可靠程度,所用仪器的精密度和实验者感官的限度等各方面条件的限制,使得一切测量均带有误差测量值与真值之差。因此,必须对误差产生的原因及其规律进行研究,方可在合理的人力、物力支出条件下,获得可靠的实验结果;再通过实验数据的列表、作图、建立数学关系式等处理步骤,就可使实验结果变为有参考价值的资料,在研究中这是必不可少的。

1. **误差的分类**

按其性质可分为如下三种:

(1)系统误差

在相同条件下,多次测量同一量时,误差的绝对值和符号保持恒定,或在条件改变时,按某一确定规律变化的误差,产生的原因有:

① 实验方法方面的缺陷,如使用了近似公式。

② 仪器药品不良引起,如电表零点偏差,温度计刻度不准,药品纯度不

高等。

③ 操作者的不良习惯,如观察视线偏高或偏低。

改变实验条件可以发现系统误差的存在,针对产生原因可采取措施将其消除。

(2)过失误差(或粗差)

这是一种明显歪曲实验结果的误差。它无规律可循,是由操作者读错、记错所致,只要加强责任心,此类误差可以避免。发现此种误差,所得数据应予以剔除。

(3)偶然误差(随机误差)

在相同条件下多次测量同一量时,误差的绝对值时大时小,符号时正时负,但随测量次数的增加,其平均值趋近于零,即具有抵偿性,此类误差称为偶然误差。它产生的原因并不确定,一般是由于环境条件的改变(如大气压、温度的波动),操作者感官分辨能力的限制(例如对仪器最小分度以内的读数难以读准确等)所致。

(二)有效数字

当我们对一个测量的量进行记录时,所记数字的位数应与仪器的精密度相符合,即所记数字的最后一位为仪器最小刻度以内的估计值,称为可疑值。其他几位为准确值,这样一个数字称为有效数字,它的位数不可随意增减。例如,普通 50 mL 的滴定管,最小刻度为 0.1 mL,则记录 26.55 是合理的;记录 26.5 和 26.556 都是错误的,因为它们分别缩小和夸大了仪器的精密度。为了方便地表达有效数字位数,一般用科学记数法记录数字,即用一个带小数的个位数乘以 10 的相当幂次表示。例如 0.000567 可写为 5.67×10^{-4},有效数字为三位;10680 可写为 1.0680×10^4,有效数字是五位,如此等等。用以表达小数点位置的零不计入有效数字位数。

在间接测量中,须通过一定公式将直接测量值进行运算,运算中对有效数字位数的取舍应遵循如下规则:

(1)误差一般只取一位有效数字,最多两位。

(2)有效数字的位数越多,数值的精确度也越大,相对误差越小。

①　(1.35±0.01)m,三位有效数字,相对误差 0.7%。

②　(1.3500±0.0001)m,五位有效数字,相对误差 0.007%。

(3)若第一位的数值等于或大于 8,则有效数字的总位数可多算一位,如 9.23 虽然只有三位,但在运算时,可以看作四位。

(4)运算中舍弃过多不定数字时,应用"4 舍 6 入,逢 5 尾留双"的法则,例如有下列两个数值:9.435、4.685,整化为三位数,根据上述法则,整化后的数值为 9.44 与 4.68。

(5)在加减运算中,各数值小数点后所取的位数,以其中小数点后位数最少者为准。例如:56.38+17.889+21.6=56.4+17.9+21.6=95.9。

(6)在乘除运算中,各数保留的有效数字,应以其中有效数字最少者为准。例如:1.436×0.020568÷85。

其中 85 的有效数字最少,由于首位是 8,所以可以看成三位有效数字,其余两个数值,也应保留三位,最后结果也只保留三位有效数字。例如:

$$\frac{1.44 \times 0.0206}{85} = 3.49 \times 10^{-4}$$

(7)在乘方或开方运算中,结果可多保留一位。

(8)对数运算时,对数中的首数不是有效数字,对数的尾数的位数,应与各数值的有效数字相当。例如:

$$[H^+] = 7.6 \times 10^{-4}$$

$$pH = 3.12$$

$$K = 3.4 \times 10^9$$

$$\lg K = 9.35$$

(9)算式中,常数 π、e 及乘子 2 和某些取自手册的常数,如阿伏加德罗常数、普朗克常数等,不受上述规则限制,其位数按实际需要取舍。

(三)数据处理

物理化学实验数据的表示法主要有如下三种方法:列表法、作图法和数学方程式法。

1. 列表法

将实验数据列成表格,排列整齐,使人一目了然。这是数据处理中最简单的方法,列表时应注意以下几点:

(1)表格要有名称。

(2)每行(或列)的开头一栏都要列出物理量的名称和单位,并把两者表示为相除的形式。因为物理量的符号本身是带有单位的,除以它的单位,即等于表中的纯数字。

(3)数字要排列整齐,小数点要对齐,公共的乘方因子应写在开头一栏与物理量符号相乘的形式,并为异号。

(4)表格中表达的数据顺序为:由左到右,由自变量到因变量,可以将原始数据和处理结果列在同一表中,但应以一组数据为例,在表格下面列出算式,写出计算过程。

列表示例:

液体饱和蒸气压测定数据表

$t/℃$	T/K	$10^3\dfrac{1}{T}/K^{-1}$	$10^{-4}\Delta h/Pa$	$10^{-4}p/Pa$	$\ln(p/Pa)$
95.10	368.25	2.716	1.253	8.703	11.734

2. 作图法

作图法可更形象地表达数据的特点,如极大值、极小值、拐点等,并可进一步用图解求积分、微分、外推、内插值。作图时应注意如下几点:

(1)图要有图名。例如"$\ln K_p - \dfrac{1}{T}$ 图""$V-t$ 图"等。

(2)选用市售的正规坐标纸,并根据需要选用坐标纸种类:直角坐标纸、三角坐标纸、半对数坐标纸、对数坐标纸等。物理化学实验中一般用直角坐标纸,只有三组分相图使用三角坐标纸。

(3)在直角坐标中,一般以横轴代表自变量,纵轴代表因变量,在轴旁须注明变量的名称和单位(两者表示为相除的形式),10 的幂次以相乘的形式写在变量旁,并为异号。

（4）适当选择坐标比例，以表达全部有效数字为准，即最小的毫米格内表示有效数字的最后一位。每厘米格代表 1，2，5 为宜，切忌 3，7，9。如果作直线，应正确选择比例，使直线呈 45°倾斜。

（5）坐标原点不一定选在零点，应使所作直线与曲线匀称地分布于图面中。在两条坐标轴上每隔 1 cm 或 2 cm 均匀地标上所代表的数值，而图中所描各点的具体坐标值不必标出。

（6）描点时，应用细铅笔将所描的点准确而清晰地标在其位置上，可用○，△，□，×等符号表示。符号总面积表示了实验数据误差的大小，所以不应超过 1mm 格。同一图中表示不同曲线时，要用不同的符号描点，以示区别。

（7）作曲线时，应尽量多地通过所描的点，但不要强行通过每一个点。对于不能通过的点，应使其等量地分布于曲线两边，且两边各点到曲线的距离的平方和要尽可能地相等。描出的曲线应平滑均匀。

3. 数学方程式法

将一组实验数据用数学方程式表达出来是最为精练的方法。它不但方式简单而且便于进一步求解，如积分、微分、内插等。此法首先要找出变量之间的函数关系，然后将其线性化，进一步求出直线方程的系数斜率 m 和截距 b，即可写出方程式。也可将变量之间的关系直接写成多项式，通过计算机曲线拟合求出方程系数。求直线方程系数一般有三种方法：

（1）图解法

将实验数据在直角坐标纸上作图，得一直线，此直线在 y 轴上的截距即为 b 值（横坐标原点为零时），直线与轴夹角的正切值即为斜率 m，或在直线上选取两点（此两点应远离）(x_1, y_2) 和 (x_2, y_2)。则

$$m = \frac{\Delta y}{\Delta x} = \frac{y_2 - y_1}{x_2 - x_1}$$

$$b = \frac{y_1 x_2 - y_2 x_1}{x_2 - x_1}$$

（2）平均法

若将测得的 n 组数据分别代入直线方程式，则得 n 个直线方程

$$y_1 = mx_1 + b$$

$$y_2 = mx_2 + b$$

将这些方程分成两组,分别将各组的 x, y 值累加起来,得到两个方程

$$\sum_{i=1}^{K} y_i = m \sum_{i=1}^{K} x_i + kb$$

$$\sum_{i-k+1}^{n} y_i = m \sum_{i-k+1}^{n} x_i + (n-k)b$$

解此联立方程,可得 m, b 值。

(3)最小二乘法

这是最为精确的一种方法,它是使误差平方和为最小,对于直线方程,
令:

$$\Delta = \sum_{i=1}^{n} (mx_i + b - y_i)^2 \ 为最小$$

根据函数极值条件,应有

$$\frac{\partial \Delta}{\partial m} = 0,$$

$$\frac{\partial \Delta}{\partial b} = 0$$

于是得方程

$$\begin{cases} 2 \sum_{i=1}^{n} (b + mx_i - y_i) = 0 \\ 2 \sum_{i=1}^{n} x_i (b + mx_{i-y_i}) = 0 \end{cases}$$

即

$$\begin{cases} b \sum x_i = m + \sum x_i^2 - \sum x_i y_i = 0 \\ nb + m \sum x_i - \sum y_i = 0 \end{cases}$$

解此联立方程得

$$m = \frac{n \sum x_i y_i - \sum x_i \sum y_i}{n \sum x_i^2 - (\sum x_i)^2}; b = \frac{\sum y_i}{n} - \frac{m \sum x_i}{n}$$

此过程即为线性拟合或称线性回归,由此得出的 y 值称为最佳值。

最小二乘法是假设自变量 x 无误差或 x 的误差比 y 小得多,可以忽略不计。与线性回归所得数值比较,y_i 的误差如下,σ_{y_i} 越小,回归直线的精度越高,则

$$\sigma_{y_i} = \sqrt{\frac{\sum (mx_i + b - y_i)^2}{n - 2}}$$

关于相关系数的概念:此概念出自误差的合成,用以表达两变量之间的线性相关程度,表达式为

$$R = \frac{\sum (x_i - x)(y_i - y)}{\sqrt{\sum (x_i - x)^2 \sum (y_i - y)^2}}$$

R 的取值应为 $-1 \leqslant R \leqslant +1$。当两变量线性相关时,$R$ 等于 ± 1;两变量各自独立,毫无关系时,$R = 0$;其他情况均处于 $+1$ 和 -1 之间。

【习题】　水在不同温度下的蒸气压如下:

$\dfrac{T}{K}$	323.2	328.4	333.6	338.2	343.8	348.2	353.5	358.8	363.4	369.0
$\dfrac{10^{-3}p}{Pa}$	12.33	15.88	20.28	25.00	31.96	38.54	47.54	59.19	70.63	87.04

(1)绘出 $p-T$ 图并作 $T = 343.2K$ 时的切线,求切线斜率 $\dfrac{\mathrm{d}p}{\mathrm{d}T}$。

(2)作 $\ln p - \dfrac{1}{T}$ 图,并求出直线斜率和截距,写出 p,T 的关系式。

三、物理化学实验室安全知识

在化学实验室里,常常潜藏着诸如发生爆炸、着火、中毒、灼伤、割伤、触电等事故的危险,如何防止这些事故的发生以及一旦发生又如何急救呢?

这是每一个化学实验工作者必须具备的素质,这些内容在先行的化学实验课中均已反复地介绍。本节主要结合物理化学实验的特点介绍安全用电、使用化学药品的安全防护等知识。

1. 安全用电常识

违章用电常常可能造成人身伤亡、火灾、损坏仪器设备等严重事故。物理化学实验室使用电器较多,特别要注意安全用电。为了保障人身安全,一定要遵守实验室安全规则:

(1)防止触电

① 不用潮湿的手接触电器。

② 电源裸露部分应有绝缘装置(例如电线接头处应裹上绝缘胶布)。

③ 所有电器的金属外壳都应保护接地。

④ 实验时,应先连接好电路后才接通电源;实验结束时,先切断电源再拆线路。

⑤ 修理或安装电器时,应先切断电源。

⑥ 不能用试电笔去试高压电,使用高压电源应有专门的防护措施。

⑦ 如果有人触电,应迅速切断电源,然后进行抢救。

(2)防止引起火灾

① 使用的保险丝要与实验室允许的用电量相符。

② 电线的安全通电量应大于用电功率。

③ 室内若有氢气、煤气等易燃易爆气体,应避免产生电火花。继电器工作和开关电闸时,易产生电火花,要特别小心。电器接触点(如电插头)接触不良时,应及时修理或更换。

④ 如果遇电线起火,立即切断电源,用沙或二氧化碳、四氯化碳灭火器灭火,禁止用水或泡沫灭火器等导电液体灭火。

(3)防止短路

① 线路中各接点应牢固,电路元件两端接头不要互相接触,以防短路。

② 电线、电器不要被水淋湿或浸在导电液体中,例如实验室加热用的灯泡接口不要浸在水中。

(4)电器仪表的安全使用

① 在使用前,先了解电器仪表要求使用的电源是交流电还是直流电。是三相电还是单相电以及电压的大小(380 V、220 V、110 V 或 6 V)。须弄

清电器功率是否符合要求及直流电器仪表的正负极。

② 仪表量程应大于待测量。若待测量大小不明时,应从最大量程开始测量。

③ 实验之前要检查线路连接是否正确,经教师检查同意后方可接通电源。

④ 在电器仪表使用过程中,如果发现有不正常声响,局部温升或嗅到绝缘漆过热产生的焦味,应立即切断电源,并报告教师进行检查。

2. 使用化学药品的安全防护

(1)防毒

① 实验前,应了解所用药品的毒性及防护措施。

② 操作有毒气体(如 H_2S、Cl_2、Br_2、NO_2、浓 HCl 和 HF 等)应在通风橱内进行。

③ 苯、四氯化碳、乙醚、硝基苯等的蒸气会引起中毒。它们虽有特殊气味,但久嗅会使人嗅觉减弱,所以应在通风良好的情况下使用。

④ 有些药品(如苯、有机溶剂、汞等)能透过皮肤进入人体,应避免与皮肤接触。

⑤ 氰化物、高汞盐($HgCl_2$、$Hg(NO_3)_2$ 等)、可溶性钡盐($BaCl_2$)、重金属盐(如镉、铅盐)、三氧化二砷等剧毒药品,应妥善保管,使用时要特别小心。

⑥ 禁止在实验室内喝水、吃东西。餐具不要带进实验室,以防毒物污染,离开实验室及饭前要洗净双手。

(2)防爆

可燃气体与空气混合,当两者比例达到爆炸极限时,受到热源(如电火花)的诱发,就会引起爆炸。

① 使用可燃性气体时,要防止气体逸出,室内通风要良好。

② 操作大量可燃性气体时,严禁同时使用明火,还要防止发生电火花及撞击火花。

③ 有些药品如叠氮铝、乙炔银、乙炔铜、高氯酸盐、过氧化物等受震和受热都易引起爆炸,使用时要特别小心。

④ 严禁将强氧化剂和强还原剂放在一起。

⑤ 久藏的乙醚在使用前应除去其中可能产生的过氧化物。

⑥ 进行容易引起爆炸的实验,应有防爆措施。

(3)防火

① 许多有机溶剂如乙醚、丙酮、乙醇、苯等非常容易燃烧,大量使用时室内不能有明火、电火花或静电放电。实验室内不可存放过多这类药品,用后还要及时回收处理,不可倒入下水道,以免聚集引起火灾。

② 有些物质如磷、金属钠、钾、电石及金属氢化物等,在空气中易氧化自燃。还有一些金属如铁、锌、铝等粉末,比表面大也易在空气中氧化自燃。这些物质要隔绝空气保存,使用时要特别小心。

如果着火不要惊慌,应根据情况进行灭火。常用的灭火剂有:水、沙、二氧化碳灭火器、四氯化碳灭火器、泡沫灭火器和干粉灭火器等。可根据起火的原因选择使用,以下几种情况不能用水灭火:

(a)金属钠、钾、镁、铝粉、电石、过氧化钠着火,应用干砂灭火。

(b)比水轻的易燃液体,如汽油、苯、丙酮等着火,可用泡沫灭火器。

(c)有灼烧的金属或熔融物的地方着火时,应用干沙或干粉灭火器。

(d)电器设备或带电系统着火,可用二氧化碳灭火器或四氯化碳灭火器。

(4)防灼伤

强酸、强碱、强氧化剂、溴、磷、钠、钾、苯酚、冰醋酸等都会腐蚀皮肤,特别要防止溅入眼睛。液氧、液氮等温度低也会严重冻伤皮肤,使用时要小心。万一冻伤应及时治疗。

3. 高压钢瓶的使用及注意事项

(1)气体钢瓶的颜色标记

我国气体钢瓶常用的标记见表 0-1 所列。

(2)气体钢瓶的使用

① 在钢瓶上装上配套的减压阀。检查减压阀是否关紧,方法是逆时针旋转调压手柄至螺杆松动为止。

② 打开钢瓶总阀门,高压表显示瓶内贮气总压力。

表 0-1　我国气体钢瓶常用的标记

气体类别	瓶身颜色	标字颜色	字样
氮气	黑	黄	氮
氧气	天蓝	黑	氧
氢气	深蓝	红	氢
压缩空气	黑	白	压缩空气
二氧化碳	黑	黄	二氧化碳
氦	棕	白	氦
液氨	黄	黑	氨
氯	草绿	白	氯
乙炔	白	红	乙炔
氟氯烷	铝白	黑	氟氯烷
石油气体	灰	红	石油气
粗氩气体	黑	白	粗氩
纯氩气体	灰	绿	纯氩

③ 慢慢地顺时针转动调压手柄,至低压表显示出实验所需压力为止。

④ 停止使用时,先关闭总阀门,待减压阀中余气逸尽后,再关闭减压阀。

(3)注意事项

① 钢瓶应存放在阴凉、干燥、远离热源的地方,可燃性气瓶应与氧气瓶分开存放。

② 搬运钢瓶时要小心轻放,钢瓶帽要旋上。

③ 使用时应装减压阀和压力表。可燃性气瓶(如 H_2、C_2H_2)气门螺丝为反丝,不燃性或助燃性气瓶(如 N_2、O_2)为正丝。不同的压力表一般不可混用。

④ 不要让油或易燃有机物沾染到气瓶上(特别是气瓶出口和压力表上)。

⑤ 开启总阀门时,不要将头或身体正对总阀门,防止万一阀门或压力表

冲出伤人。

⑥ 不可把气瓶内气体用光,以防重新充气时发生危险。

⑦ 使用中的气瓶每隔三年应检查一次,装腐蚀性气体的钢瓶每两年检查一次,不合格的气瓶不可继续使用。

⑧ 氢气瓶应放在远离实验室的专用小屋内,用紫铜管引入实验室,并安装防止回火的装置。

实验一　燃烧热的测定

一、实验目的

(1)明确燃烧热的定义,了解恒压燃烧热与恒容燃烧热的差别及关系。

(2)掌握有关热化学实验的一般知识和测量技术,了解氧弹式量热计的原理、构造和使用方法。

(3)掌握用雷诺图解法对热化学测量中温差测定的校正。

二、实验基本原理

1摩尔物质完全氧化时的反应热称为燃烧热。所谓完全氧化就是指 C 变为 CO_2(气),H_2 变为 H_2O(液),S 变为 SO_2(气),而氮、卤素、金属等元素变为游离状态。如在 25℃时,苯甲酸的恒压燃烧热为 $-3226.8 \text{ kJ} \cdot \text{mol}^{-1}$。

燃烧热可在恒容或恒压下测定,由热力学第一定律可知:在不做非膨胀功的情况下,$Q_v = \Delta U$,$Q_p = \Delta H$。在氧弹式量热计中测的燃烧热为 Q_v,而一般化学计算用 Q_p,可由下式换算

$$Q_p = Q_v + \Delta nRT \qquad (1-1)$$

在盛有定量水的容器中,放入装有一定量的样品和氧气的密闭氧弹。当样品完全燃烧,放出热量传给水及仪器,引起温度上升。若已知水量为 m_0,仪器的水当量为 W'(量热计每升高 1 摄氏度所需的热量),燃烧前后温度为 t_0,t_n,则 m 克物质的燃烧热

$$Q' = (Cm_0 + W')(t_n - t_0) \tag{1-2}$$

水的比热容 $C = 4200 \ \mathrm{J \cdot kg^{-1} \cdot K^{-1}}$，摩尔质量为 M 的物质，其摩尔燃烧热为

$$Q_v = M/m(Cm_0 + W')(t_n - t_0) \tag{1-3}$$

水当量 W' 的求法是用已知燃烧热的物质（本实验中用苯甲酸）放在量热计中燃烧，测其始末温度，由式（1-3）求 W' 一般应每次水量相同。$(Cm_0 + W')$ 可作为一个定值 (W) 来处理，即 $M(W)(t_n - t_0)/m$。

在较精确的实验中，应考虑辐射热、金属丝的燃烧热、温度计的校正等。

三、仪器与药品

氧弹式量热计一套，氧气钢瓶、金属丝、苯甲酸（A. R.）、萘（A. R.）。

四、实验步骤

(1) 将量热计及其全部附件加以整理并洗净。

(2) 压片。取约 12 cm 长的燃烧丝 A 绕成小丝圈放在干的燃烧杯中称量，用天平秤取 0.7 g～0.8 g 苯甲酸。燃烧丝先穿过模具底座小孔，再将模具组合并倒入苯甲酸，用压片机压片（不能太紧，以防压断燃烧丝或点火后不能燃烧）。压好样品，将之放置燃烧杯中称量，得到样品的质量 m。

(3) 充氧气。氧弹弹头置于弹头架上，将装有样品的燃烧杯放入燃烧杯架上。燃烧丝两端分别扣在氧弹头中的两根电极上，弹头放入弹杯中，用手拧紧。开始充入约 0.5 MPa 氧气，开启出口，排出氧弹中的空气，然后充入氧气 1.5 MPa。充好氧气后，将氧弹放入内筒。

(4) 调节水温。将温差测量仪探头放入外筒水中，调节数字显示在"2"左右。取 3000 mL 以上自来水，将温差测量仪探头放入水中，调节水温，使其低于外筒水温 1 K 左右。将已调温的水注入内筒，水面盖过氧弹（两电极应保持干燥），若有气泡冒出说明氧弹漏气，寻找原因并排除。打开搅拌（搅拌时不可有金属摩擦声），将带有电极的上盖盖在氧弹上，显示"允许点火"时表明电路接通，若显示"点火断路"则需寻找原因并排除。

(5)点火。当水温有规律微小变化时,等待 2 min 后按动"点火"开关,显示"点火断路"。开始明显升温时,表示样品已经燃烧。水温很快上升,每 0.5 min 记录温度一次,当温度升至最高点后,再纪录 10 次,停止实验。电脑显示器上温度曲线趋于平稳。

实验停止后,关闭搅拌,取出氧弹,打开氧弹出气口放出余气,最后旋下氧弹盖,检查样品燃烧结果。若弹中没有什么燃烧残渣,表示燃烧完全。若留有许多黑色残渣则表示燃烧不完全,实验失败。

用水冲洗氧弹及燃烧杯,倒去内筒中的水,把物件用纱布一一擦净,待用。

(6)测量萘的燃烧热,称取 0.4 g～0.5 g 萘代替苯甲酸,重复以上实验。

(7)测量蔗糖的燃烧热,称取 1.2 g～1.3 g 蔗糖代替苯甲酸,重复上述实验。

五、注意事项

(1)待测样品需干燥,受潮样品不易燃烧且称量有误。

(2)注意压片的紧实程度。

(3)在燃烧第二个样品时,内筒水需再次调节水温。

燃烧热测量装置连接如图 1-1 所示。

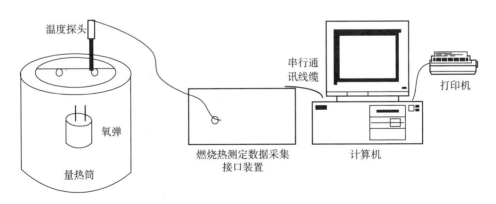

图 1-1 燃烧热测量装置连接图

六、数据处理

(1)用雷诺图解法分别求出苯甲酸、萘燃烧前后的温度差。

(2)计算量热计的水当量(W),已知苯甲酸在 298.2 K 下的燃烧热为 -3226.8 kJ·mol^{-1}。

(3)求出萘的燃烧热 Q_v 和 Q_p。

燃烧热测定的是1摩尔物质完全氧化时的反应热。燃料充分完全燃烧与否,关系到资源是否充分利用,以及燃烧后排放的物质是否对环境友好。目前,我国大气污染主要来源于工业废气和化石燃料燃烧等。学习了本实验,我们从原理上理解了燃烧热,可以加强科普宣传,将绿色环保理念深植广大人民群众内心,鼓励企业和个人积极响应党和国家的号召。使企业将煤燃料换成污染更小的醇基燃料,使广大农民接受国家正在提倡的煤改电或煤改气项目,将不能再生且燃烧不充分的煤资源换成利用率高、环境污染小的电能或天然气,倡导绿色出行,减少化石燃料的使用。通过本实验的学习增强环保意识和培养社会责任感,人人争做环保卫士,还人类碧水蓝天;并能进一步分析目前生产清洁能源的技术缺陷,解决问题的途径,培养勇于创新、积极探索的精神。

实验二　溶解热的测定

一、实验目的

(1)了解电热补偿法测定热效应的基本原理。

(2)通过用电热补偿法测定硝酸钾在水中的积分溶解热,并用作图法求出硝酸钾在水中的微分冲淡热,积分冲淡热和微分溶解热。

(3)掌握电热补偿法的仪器使用。

二、实验原理

(1)物质溶解于溶剂过程的热效应称为溶解热。它有积分溶解热和微分溶解热两种。前者指在定温、定压下把 1 摩尔溶质溶解在 n_0 摩尔的溶剂中时所产生的热效应,由于过程中溶液的浓度逐渐改变,因此也称为变浓溶解热,以 Q_s 表示。后者指在定温定压下把 1 摩尔溶质溶解在无限量的某一定浓度的溶液中所产生的热效应。由于在溶解过程中溶液浓度可视为不变,因此也称为定浓溶解热,以 $\left(\dfrac{\partial Q_s}{\partial n}\right)_{T,P,n_0}$ 表示。

把溶剂加到溶液中使之稀释,其热效应称为冲淡热。它有积分(或变浓)冲淡热和微分(或定浓)冲淡热两种,通常都以对含有 1 摩尔溶质的溶液的冲谈情况而言。前者系指在定温定压下把原为含 1 摩尔溶质和 n_{01} 摩尔溶剂的溶液冲谈到含溶剂为 n_{02} 时的热效应,亦即为某两浓度的积分溶解热之差,以 Q_d 表示。后者系 1 摩尔溶剂加到某一浓度的无限量溶液中所产生的热效应,以 $\left(\dfrac{\partial Q_s}{\partial n_o}\right)_{T.P.n}$ 表示。

(2)积分溶解热由实验直接测定,其他三种热效应则可通过 $Q_s \sim n_0$ 曲线求得:

设纯溶剂、纯溶质的摩尔焓分别为 H_1 和 H_2,溶液中溶剂和溶质的偏摩尔焓分别为 H_1 和 H_2,对于 n_1 摩尔溶剂和 n_2 摩尔溶质所组成的体系而言,在溶剂和溶质未混合前

$$H = n_1 \widetilde{H}_1 + n_2 \widetilde{H}_2 \tag{2-1}$$

当混合成溶液后

$$H' = n_1 \dot{\widetilde{H}}_1 + n_2 \dot{\widetilde{H}}_2 \tag{2-2}$$

因此溶解过程的热效应为

$$\Delta H = H' - H = n_1(\dot{\widetilde{H}}_1 - \widetilde{H}_1) + n_2(\dot{\widetilde{H}}_2 - \widetilde{H}_2) = n_1 \Delta H_1 + n_2 \Delta H_2 \tag{2-3}$$

式中,ΔH_1 为溶剂在指定浓度溶液中溶质与纯溶质摩尔焓的差,即为微分溶解热。根据积分溶解热的定义:

$$Q_s = \Delta H / n_2 = \frac{n_1}{n_2} \Delta H_1 + \Delta H_2 = n_{01} \Delta H_1 + \Delta H_2 \tag{2-4}$$

所以在 $Q_s \sim n_{01}$ 图(图 2-1)上,不同 Q_s 点的切线斜率为对应于该浓度溶液的微分冲淡热,即

$$\left(\frac{\partial Q_s}{\partial n_o}\right)_{T.P.n} = \frac{AD}{CD}$$

该切线在纵坐标上的截距 OC,即为相应于该浓度溶液的微分溶解热。而在含有 1 摩尔溶质的溶液中加入溶剂使溶剂量由 n_{02} 摩尔增至 n_{01} 摩尔过程的积分冲淡热

$$Q_d = (Q_s)_{n01} - (Q_s)_{n02} = BG - EG$$

(3)本实验测硝酸钾溶解在水中的溶解热,是一个在溶解过程中温度随

反应的进行而降低的吸热反应,故采用电热补偿法测定。

先测定体系的起始温度 T,当反应进行后温度不断降低时,由电加热法使体系复原至起始温度,根据所耗电能求出其热效应 Q。

$$Q = I^2 R t = I v t (\text{J}) \tag{2-5}$$

式中,I 为通过电阻为 R 的电阻丝加热器的电流强度(A),V 为电阻丝两端所加的电压(V),t 为通电时间(s)。

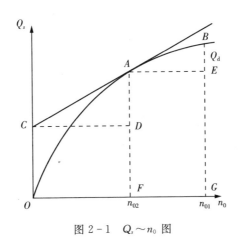

图 2-1　$Q_s \sim n_0$ 图

三、传统溶解热的测定实验

1. 仪器与药品

定点式温差报警仪 1 台,数字式直流稳流电源 1 台,直流伏特计 1 台,量热计(包括杜瓦瓶,搅拌器,加热器)1 套,停表 1 只,称量瓶 8 只(20 mm×40 mm),毛笔 1 支,硝酸钾(A.R.)约 26 g。

2. 实验步骤

(1)硝酸钾 26 g(已进行研磨和烘干处理),放入干燥器中。

(2)将 8 个称量瓶编号。在台秤上称量,依次加入 1.2 g、0.7 g、1.2 g、1.5 g、1.7 g、2.0 g、2.0 g 和 2.2 g 的硝酸钾,再用分析天平称出准确数据,把称量瓶依次放入干燥器中待用。

(3)在天平上称取 216.2 g 蒸馏水于杜瓦瓶内,按图 2-2 接线路。

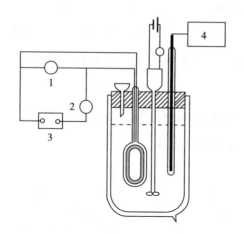

图 2-2　量热计及其电路图

1-直流电压表;2-直流电流表;3-稳流电源;4-温差报警仪

(4)经教师检查后,打开温差报警仪电源,把热敏电阻探头置于室温中数分钟,按下测温档开关。把探头放入杜瓦瓶中,注意勿与搅拌磁子接触。

(5)开启磁力搅拌器电源(注意不要开启加热旋钮),调节搅拌磁子的转速。打开稳流电源开关,调节 $IV=2.3$ 左右,并保持电流电压稳定。当水温升至比室温高出 0.5 K 时(表头指针逐渐由 0.5 向 0 靠近),表头指针指零时,报警仪报警。立即按动秒表开始计时,随即从加料口加入第一份样品,并用毛笔将残留在漏斗上的少量样品全部扫入杜瓦瓶中,用塞子塞住加料口。加入样品后,溶液温度很快下降,报警仪停止报警(此时指针又开始偏离 0 处)。随加热器加热,温度慢慢上升,(指针又逐渐接近 0 处)待升至起始温度时,报警仪又开始报警,即记下时间。(读准至 0.5 s,切勿按停秒表。)接着加入第 2 份样品,如上所述继续测定,直至 8 份样品全部测定完毕。

3. 实验注意事项

(1)在实验过程中要求 I、V 保持稳定,如果不稳需随时校正。

(2)本实验应确保样品充分溶解,因此实验前应研磨,实验时需有合适的搅拌速度。加入样品时速度要注意,防止样品进入杜瓦瓶过快,致使磁子陷住不能正常搅拌,但样品如果加得太慢也会使实验失败。

搅拌速度不适宜时,还会因水的传热性差而导致 Q_s 值偏低,甚至会使 $Q_s \sim n_0$ 图变形。

(3)实验过程中加热时间与样品的量是累计的,因而秒表的读数也是累计的,切不可在中途把秒表卡停。

(4)实验结束后,杜瓦瓶中不应存在硝酸钾的固体,否则需重做实验。

4. 数据处理

(1)计算 n_{H_2O}。

(2)计算每次加入硝酸钾后的累计质量 m_{KNO_3} 和通电累计时间 t。

(3)计算每次溶解过程中的热效应

$$Q = IVt = Kt(\text{J}) \tag{2-6}$$

式中,$K = IV$

$$Q_s = \frac{Q}{n_{KNO_3}} = \frac{Kt}{m_{KNO_3}/M_{KNO_3}} = \frac{101.1\,Kt}{m_{KNO_3}} \tag{2-7}$$

(4)将算出的 Q 值进行换算,求出当把 1 摩尔硝酸钾溶于 n_0 摩尔水中的积分溶解热 Q_S

$$n_o = \frac{n_{H_2O}}{n_{KNO_3}} \tag{2-8}$$

(5)将以上数据列表并作 $Q_s \sim n_0$ 图,从图中求出 $n_0 = 80,100,200,300$ 和 400 处的积分溶解热和微分冲淡热,以及 n_0 从 80 到 100,100 到 200,200 到 300,300 到 400 的积分冲淡热。

5. 思考题

(1)本实验装置是否适用于放热反应的热效应求测?

$$CaCl_2(s) = 6H_2O(l) \Leftrightarrow CaCl_2 \cdot 6H_2O(s)$$

(2)设计由测定溶解热的方法求得反应热。

6. 讨论

(1)实验开始时体系的设定温度比环境温度高 0.5 ℃是为了体系在实验过程中能更接近绝热条件,减小热损耗。

（2）本实验中如果无定点式温差报警仪，亦可用贝克曼温度计代替，如果无磁力搅拌器则可用长短两根滴管插入液体中，不断地用鼓泡来代替。

（3）本实验装置除测定溶解热外，还可用来测定液体的比热、水化热、生成热及液态有机物的混合热等热效应。

（4）本实验用电热补偿法测量溶解热时，整个实验过程要注意电热功率的准确，但实验过程中电压 V 在变化，很难得到一个准确值。如果实验装置使用计算机控制技术，采用传感器收集数据，使整个实验自动化完成，则可以提高实验的准确度。

四、用反应热测量数据采集系统做溶解热的测定实验

反应热测量数据采集系统能够自动完成 KNO_3 溶解热实验的测量、记录及数据处理全过程。该系统主要由系统软件和"反应热测量数据采集接口装置"两部分组成。

1. 实验目的

（1）初步接触计算机控制化学实验的方法和途径，利用微机的运算和控制，可以准确和可靠地进行化学参数的测量。

（2）初步了解溶解热实验中数据采集过程。

2. 仪器与药品

反应热测量数据采集接口装置 1 台，计算机 1 台，数字式直流稳流电源 1 台，量热计（包括杜瓦瓶，搅拌器，加热器）1 套，称量瓶 8 只（20 mm×40 mm），毛笔 1 支，硝酸钾（A. R.）约 26 g。

3. 实验步骤

参照"传统溶解热的测定实验"称好 8 份 KNO_3 样品，完成整个实验。系统连接图如图 2-3 所示。

黄子卿院士是我国著名的物理化学家、化学教育家，是我国物理化学的奠基人之一，毕生从事物理化学的教学和研究，在溶液理论和热力学方面的研究成就尤为突出。黄子卿院士曾精确测定了热力学温标的基准点——水

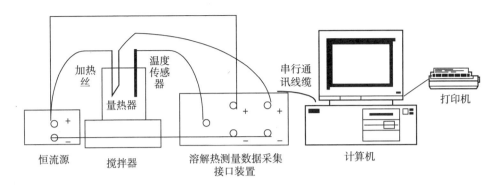

图 2-3　系统连接图

的三相点,其测定数值(0.00980 ℃)被国际温标会议采纳,定为国际温度标准之一,其本人也因为该项成就被选入美国的《世界名人录》。黄子卿院士生于内忧外患、多灾多难的年代,但他认为是中华民族养育了自己,立志要报效祖国,在国外拿到博士学位后,正值日本全面侵华的前夕,身边人都劝他暂时不要回国,但他却认为:"我是中国人,要跟中国共命运。"毅然回国效力。又在第三次出国后,面对美国政府的各种威逼利诱,毫不犹豫地再次回到了祖国,为我国的化学科研发展以及教育工作贡献了毕生的精力。

实验三 液体饱和蒸气压的测定

一、实验目的

（1）了解用静态法测定异丙醇在不同温度下蒸气压的原理，进一步理解纯液体饱和蒸气压与温度的关系。

（2）掌握真空泵、恒温槽及等位计的使用方法。

（3）学会用图解法求所测温度范围内的平均摩尔汽化热及正常沸点。

二、实验原理

在一定温度下，在一真空的密闭容器中，液体很快和它的蒸气达到气液平衡，即液体的蒸发速率等于蒸气的凝结速率，此时蒸气的压力就是液体在此温度时的饱和蒸气压。液体的蒸气压与温度有一定关系，温度升高，分子运动加剧，因而单位时间内从液面逸出的分子数增多，蒸气压增大；反之，温度降低时，则蒸气压减小。当蒸气压等于外压时，液体开始沸腾，此时的温度称为液体的沸点。外压不同时，液体的沸点也不同。我们把外压为 101.3 kPa 时沸点称为液体的正常沸点，记作 T_b。液体的饱和蒸气压与温度的关系可用克劳修斯（Clausius）-克拉伯龙（Clapeyron）方程表示：

$$\frac{\mathrm{d}\ln p}{\mathrm{d}T} = \frac{\Delta_{vap}H_m}{RT^2} \tag{3-1}$$

式中，p 为液体在温度 T 时的饱和蒸气压，T 为热力学温度，$\Delta_{vap}H_m$ 为液体的摩尔汽化焓,R 为气体常数。在温度变化较小的范围内,则可将 $\Delta_{vap}H_m$ 视为常数。将(3-1)式两边积分得:

$$\ln p = -\frac{\Delta_{vap}H_m}{RT} + A \qquad (3-2)$$

式中,A 为积分常数。由(3-2)式可知,在一定温度范围内,测定不同温度下的饱和蒸气压 p,以 $\ln p$ 对 $1/T$ 作图,可拟合得到一条直线,由直线的斜率可以求出实验温度范围内液体的摩尔汽化焓 $\Delta_{vap}H_m$。

　　静态法测饱和蒸气压的方法是在一定温度下调节外压至气液平衡,此时通过测量外压就能得到该温度下液体的饱和蒸气压,其实验装置如图 3-1所示。

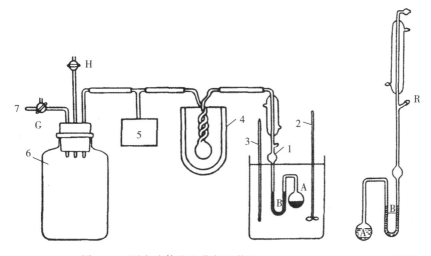

图 3-1　测定液体饱和蒸气压装置　　　　图 3-2　等位计

1—等位计;2—搅拌器;3—温度计;4—冷阱;

5—低真空测压仪;6—稳压瓶;7—接真空泵

三、仪器与药品

　　恒温装置 1 套,真空泵及附件 1 套,气压计 1 台、等位计 1 支,数字式低真空测压仪 1 台,异丙醇(A.R.)。

四、实验步骤

1. 装样

从等位计 R 处注入异丙醇液体,使 A 球中装有 2/3 的液体。

2. 检漏

将装入液体的等位计,按图 3-2 接好,打开冷却水,关闭活塞 H、G。打开真空泵抽气系统,打开活塞 G,使低真空测压仪上显示压差为 4000 Pa～5300 Pa(300 mmHg～400 mmHg)。关闭活塞 G,注意观察压力测量仪的数字的变化。如果系统漏气,则压力测量仪的显示数值逐渐变小。这时应细致分段检查,寻找出漏气部位,设法消除。

3. 校零

在仪器内压等于外压时,按"校零"按钮,同时从气压计读取外压 p_0。

4. 测定不同温度下液体的饱和蒸气压。

调节恒温水槽至测量的温度后,将等位计放入恒温槽恒温 5 分钟,然后从等位计的 R 口处加入异丙醇液体,使 U 形 B 的双臂大部分有液体。

打开活塞 G 缓缓抽气,使 A 球中液体内溶解的空气和 A、B 空间内的空气呈气泡状通过 B 管中液体排出。抽气若干分钟后,关闭活塞 G,调节 H,使空气缓慢进入测量系统,直至 B 管中双臂液面等高,从压力测量仪上读出压力差。同样再抽气,再调节 B 管中双臂等液面,重读压力差,直至两次的压力差读数相差无几。则表示 A 球液面上的空间已全部被异丙醇充满,记下压力测量仪上的压力差 Δp。

按同样的方法测温度(30 ℃、35 ℃、40 ℃、45 ℃、50 ℃)下的 Δp。

五、实验注意事项

(1)整个实验过程中,应保持等位计 A 球液面上空的空气排净。

(2)抽气的速度要合适。必须防止等位计内液体沸腾过大,致使 B 管内液体被抽尽。

（3）蒸气压与温度有关，故测定过程中恒温槽的温度波动需控制在±0.1 K。

（4）实验过程中需防止 B 管液体倒灌入 A 球内，从而带入空气，使实验数据偏大。

六、数据处理

（1）计算蒸气压 p：$p = p_0 + \Delta p$。

（2）绘制 ln $p \sim 1/T$ 图，拟合直线。由直线方程求出实验温度范围的摩尔汽化焓 $\Delta_{vap}H_m$ 与正常沸 T_b。

七、思考题

（1）本实验方法能否用于测定溶液的蒸气压，为什么？

（2）温度越高测出的蒸气压误差越大，为什么？

数据记录：　　　　　　　　　　　　　　　　　　大气压 p_0：_____ kPa

温度 T	Δp (kPa)	$p = p_0 + \Delta p$ (kPa)	ln$p$	$1/T$
30 ℃(K)				
35 ℃(K)				
40 ℃(K)				
45 ℃(K)				
50 ℃(K)				
55 ℃(K)				

实验四　凝固点降低法测摩尔质量

一、实验目的

1. 用凝固点降低法测定萘的摩尔质量。

2. 通过实验掌握溶液凝固点的测量技术,并加深对稀溶液依数性质的理解。

二、实验原理

当稀溶液凝固析出纯固体溶剂时,则溶液的凝固点低于纯溶剂的凝固点,其降低值与溶液的质量摩尔浓度成正比。即

$$\Delta T_f = T_{f}^{\cdot} - T_f = K_{f}m_B \tag{4-1}$$

式中,$T_{f}^{\cdot}$ 为纯溶剂的凝固点,T_f 为溶液的凝固点,m_B 为溶液中溶质 B 的质量摩尔浓度,K_f 为溶剂的质量摩尔凝固点降低常数,它的数值仅与溶剂的性质有关。

若称取一定量的溶质 $W_B(g)$ 和溶剂 $W_A(g)$,配成稀溶液,则此溶液的质量摩尔浓度为

$$m = \frac{W_B}{M_B W_A} \times 10^{-3}$$

式中,M_B 为溶质的分子量,将该式代入(4-1)式,整理得:

$$M_B = K_f \frac{W_B}{\Delta T W_A} \times 10^{-3} \qquad (4-2)$$

若已知某溶剂的凝固点降低常数 K_f 值,通过实验测定此溶液的凝固点降低值 ΔT,即可计算溶质的分子量 M_B。

通常测凝固点的方法是将溶液逐渐冷却,但冷却到凝固点,并不析出晶体,往往成为过冷溶液。然后由于搅拌或加入晶种促使溶剂结晶,由结晶放出的凝固热,使体系温度回升,当放热与散热达到平衡时,温度不再改变。此固液两相共存的平衡温度即为溶液的凝固点。但过冷太多或寒剂温度过低,则凝固热抵偿不了散热,此时温度不能回升到凝固点。在温度低于凝固点时完全凝固,就得不到正确的凝固点。从相律看,溶剂与溶液的冷却曲线形状不同。当纯溶剂两相共存时,自由度 $f^* = 1 - 2 + 1 = 0$,冷却曲线出现水平线段,其形状如图 4-1(a)所示。对溶液两相共存时,自由度 $f^* = 2 - 2 + 1 = 1$,温度仍可下降,但由于溶剂凝固时放出凝固热,使温度回升,但回升到最高点又开始下降,所以冷却曲线不出现水平线段,如图 4-1(b)所示。由于溶剂析出后,剩余溶液浓度变大,显然回升的最高温度不是原浓度溶液的凝固点,严格的做法应作冷却曲线,并按图 4-1(b)中所示方法加以校正。但由于冷却曲线不易测出,而真正的平衡浓度又难于直接测定,实验总是用稀溶液,并控制条件使其晶体析出量很少,所以以起始浓度代替平衡浓度,对测定结果不会产生显著影响。

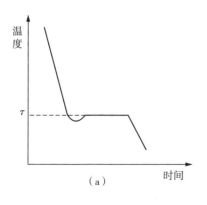
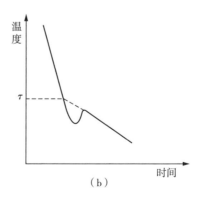

图 4-1　溶剂与溶液的冷却曲线

本实验测纯溶剂与溶液凝固点之差,由于差值较小,所以需用较精密仪器测温,本实验使用精密温差测定仪。

三、仪器药品

1. 仪器

凝固点测定仪 1 套,精密温差测定仪 1 台,普通温度计(0 ℃～50 ℃)1 只,压片机 1 个,移液管(25 mL)1 只。

2. 药品

环己烷(A. R.)、萘(A. R.)。

四、实验步骤

1. 安装凝固点测定仪

注意测定管、搅拌棒都必须清洁、干燥,温差测定仪的探头、温度计都必须与搅拌棒有一定空隙,防止搅拌时发生摩擦。

2. 调节水浴温度

使水浴温度低于环己烷的温度 2～3 ℃(3.5 ℃左右),并经常搅拌,通过调节仪器温度保持温度基本不变。

3. 溶剂凝固点的测定

用移液管向清洁、干燥的凝固点管内加入 25 mL 环己烷,并记下水的温度,插入温差探头,且拉动搅拌时听不到碰壁与摩擦声。

先将盛水的凝固点管直接插入溶剂中,上下移动搅拌棒(勿拉过液面,约每秒钟一次)。使水的温度逐渐降低,当过冷到 0.7 ℃以后,要快速搅拌(以搅拌棒下端擦管底),幅度要尽可能地小,待温度回升后,恢复原来的搅拌,同时观察电脑显示温度读数(或用放大镜观察温度计读数),直到温度回升稳定为止,此温度即为水的近似凝固点。

取出凝固点管,用手捂住管壁片刻,同时不断搅拌,使管中的固体全部熔化,将凝固点管放在空气套管中,缓慢搅拌,使温度逐渐降低。当温度降至近似凝固点时,自支管加入少量晶种,并快速搅拌(在液体上部),待温度回升后,再改为缓慢搅拌。直到温度回升直至稳定。以手轻叩温度计管壁,用放大镜读数,记下稳定的温度值。重复测定 3 次,每次之差不超过 0.006 ℃,3 次平均值作为纯水的凝固点。

4.溶液凝固点的测定

凝固点降低实验装置如图 4-2 所示,取出凝固点管,和前面一样将管中环己烷溶化,用分析天平精确称取萘(0.05 g~0.075 g),其重量约使凝固点下降 0.5 ℃。自凝固点管的支管加入样品,待全部溶解后,测定溶液的凝固点。测定方法与纯环己烷的相同,先测近似的凝固点,再精确测定,但溶液凝固点是取回升后所达到的最高温度。重复 3 次,取平均值。

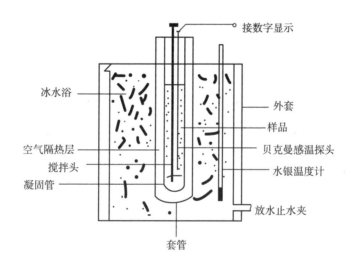

图 4-2　凝固点降低实验装置

五、注意事项

(1)以冰浴温度不低于凝固点 3 ℃为宜。

(2)测定凝固点温度时,注意防止过冷温度超过 0.5 ℃。

(3)溶剂、溶质的纯度直接影响实验结果。

六、数据处理

(1)用 $\rho(\mathrm{kg/m^3})=0.7971\times10^3-0.8879t$ 计算室温时环己烷的密度,然后算出所取环己烷的质量 W_A。

(2)将实验数据列入表中。

物质	质量	凝固点		凝固点降低值
		测量值	平均值	
环己烷		1		
		2		
		3		
萘		1		
		2		
		3		

(3)由所得数据计算环己烷的分子量,并计算与理论值的相对误差。

已知环己烷的凝固点 $T_f^*=279.7$ K;$K_f=20.1$ Kg·K/mol

【思考问题】

(1)为什么产生过冷现象?如何控制过冷程度?

(2)根据什么原则考虑加入溶质的量?太多或太少影响如何?

七、讨论

(1)溶液的凝固点随着溶剂的析出而不断下降,冷却曲线上得不到温度不变的水平线段,因此在测定一定浓度的溶液凝固点时,析出的固体越少,测得凝固点才越准确。

(2)高温季节不宜做此实验,因为水蒸气易进入测量体系,造成测量结果偏低。

历时 50 年我国终于在 2006 年自主研发,建设成功了青藏铁路。早在几十年前,我国就决定要修建这条通往拉萨的"钢铁天路",但是全球专家都说不可能,因为在多种因素影响下,这项工程难如登天。然而中国建筑工作者却偏不信邪,历时 50 年,终于震撼全球,青藏铁路成功建成了! 在青藏高原修建铁路,首先要考虑的就是如何保证路基的稳定,当地的海拔很高,气温较低,有一层厚厚的冻土层,如果冻土层能保持稳定,那么它恰好是修建铁路的最佳地基,然而青藏高原冬季和夏季的温差较大,冻土层会在夏季来临时融化,冬季来临时重新凝固,导致冻土上根本无法建设坚固的路基。为了解决这个问题,中国建筑工作者花费了近 50 年的时间,首先仔细勘察了沿途的地质状况,然后工程师通过努力研发出了一种冻土路基养护办法,终于克服了种种困难建成了世界上建设难度最大的铁路,创造了奇迹,体现了中国基建的速度和实力以及大国的风范。广大学子应该学习前辈们在艰苦的环境中努力奋斗,开拓进取的精神。在新的历史起点上,同学们要承担起大国的使命,具有强国有我,请党放心的决心。

实验五　摩尔折光度的测定

一、实验目的

(1)了解阿贝折光仪的构造和工作原理,掌握其使用的正确方法。

(2)测定某些化合物的折光率和密度,求算化合物、基团和原子的摩尔折射度,判断各化合物的分子结构。

二、实验原理

摩尔折射度(R)是由于在光的照射下分子中电子云相对于分子骨架的相对运动的结果,R可以作为分子中电子极化率的量度。

$$R = \frac{n^2-1}{n^2+2} \times \frac{M}{\rho} \qquad\qquad (5-1)$$

式中,N——折光度;

$\quad M$——摩尔质量;

$\quad \rho$——密度。

摩尔折射度与波长有关,若以钠光 D 线为光源(属于高频电场,$\lambda = 5893$ Å),所测得的折光率以 n_D 表示,相应的摩尔折射度以 R_D 表示。根据麦克斯韦的电磁波理论,物质的介电常数 ε 和折射率 n 之间有关系:

$$\varepsilon(\upsilon) = n^2(\upsilon) \qquad\qquad (5-2)$$

式中,ε 和 n 均与波长 υ 有关,将上式代入(5-1)式得:

$$R = -\frac{\varepsilon-1}{\varepsilon+2} \times \frac{M}{\rho} \qquad (5-3)$$

式中,ε 通常是在静电场或低频电场(λ 趋于 ∞)中测定的,因此折光率也应该用外推法求波长趋于 ∞ 时的 n_∞,其结果才更准确,这时摩尔折射度以 R_∞ 表示。R_D 和 R_∞ 一般较接近,相差约百分之几,只对少数物质是例外,例如水 $n2_D = 1.75$,而 $\varepsilon = 81$。

摩尔折射度有体积的因次,通常以 cm^3 表示。实验结果表明,摩尔折射度具有加和性,即摩尔折射度等于分子中各原子折射度及形成化学键时折射度的增量之和。离子化合物其克式量折射度等于其离子折射度之和。利用物质摩尔折射度的加和性质,就可根据物质的化学式算出其各种同分异构体的摩尔折射度并与实验测定结果作比较,从而探讨原子间的键型及分子结构。

三、仪器和药品

仪器:阿贝折光仪 1 台;

药品:四氯化碳、乙醇、乙醚、乙酸乙酯、异丙醇、丙酮。

常见原子的折射度和形成化学键时折射度的增量见表 5-1 所列。

表 5-1　常见原子的折射度和形成化学键时折射度的增量($cm^3 \cdot mol^{-1}$)

原 子	R_D	原 子	R_D
H	1.028	S(硫化物)	7.921
C	2.591	CN(腈)	5.459
O(酯类)	1.764	键的增量	
O(缩醛类)	1.607	单键	0
OH(醇)	2.546	双键	1.575
Cl	5.844	叁键	1.977
Br	8.741	三元环	0.614
I	13.954	四元环	0.317
N(脂肪族的)	2.744	五元环	−0.19
N(芳香族的)	4.243	六元环	−0.15

四、实验步骤

(1)折光度的测定。

使用阿贝折光仪测定实验要求的几种物质的折光率。

(2)用天平测定上述物质的密度。

五、数据处理

(1)求算所测化合物的密度,并结合所测化合物的折光率数据求出其摩尔折光度;

(2)根据表 1 数据,计算上述物质摩尔折射度的理论值,并与实验值比较。

六、注意事项

(1)阿贝折光仪使用注意事项;

(2)测定液体密度注意事项。

附录:阿贝折射仪的原理和操作方法

阿贝折射仪是能测定透明、半透明液体或固体的折射率 n_D 和平均色散的 $n_f - n_c$ 仪器(其中以测透明液体为主),如果仪器接上恒温器,则可测定温度为 0~70 ℃内的折射率 n_D。

折射率和平均色散是物质的重要光学常数之一,能借以了解物质的光学性能、纯度、浓度及色散大小等。

(一)工作原理

阿贝折射仪的基本原理即为折射定律:$n_1 \sin\alpha_1 = n_2 \sin\alpha_2$,$n_1$、$n_2$ 为交界面两侧的两种介质之光的折射(图 5-1),α_1 为入射角,α_2 为折射角。

若光线从光密介质进入光疏介质,入射角小于折射角,改变入射角可以使折射角达到 90°,此时的入射角称为临界角,本仪器测定折射率就是基于测定临界角的原理。

图 5-2 中,当不同的角度光线射入 AB 面时,其折射角都大于 i。如果用一望远镜对射出光线观察,可以看到望远镜视场被分为明暗两部分,两者之间有明显的分界线。光路中的折射如图 5-2 所示,明暗分界线为临界角的位置。

明暗视野如图 5-3 所示。图 5-2 中,$ABCD$ 为一折射棱镜,其折射率为 n_2,AB 面上面是被测物体。

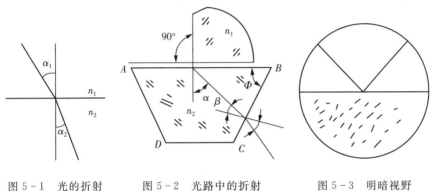

图 5-1　光的折射　　　图 5-2　光路中的折射　　　图 5-3　明暗视野

(透明固体或液体)其折射率为 n_1,由折射定律得:

$$n_1 \sin 90\ ℃ = n_2 \sin\alpha \tag{5-4}$$

$$n_2 \sin\beta = \sin i \tag{5-5}$$

$$\Phi = \alpha + \beta$$

则　　　　　　　　　　$\alpha = \Phi - \beta$

代入(5-4)式得

$$n_1 = n_2 \sin(\Phi - \beta) = n_2 (\sin\Phi\cos\beta - \cos\Phi\sin\beta) \tag{5-6}$$

由(5-5)式得:

$$n_2^2 \sin^2\beta = \sin^2 i$$

$$n_2^2 (1 - \cos^2\beta) = \sin^2 i$$

$$n_2^2 - n_2^2 \cos^2\beta = \sin^2 i$$

$$\cos\beta=\sqrt{(n_2^2-\sin^2 i)/n_2^2}$$

代入(5-6)式得：$n_1=\sin\Phi\sqrt{n_2^2-\sin^2 i}-\cos\Phi\sin i$

棱镜折射角 Φ 与折射率 n_2 均已知，当测得临界角 i 时，即可换算得被测物体之折射率 n_1。

(二)仪器结构

1. 光学部分

仪器的光学部分由望远系统与读数系统两个部分组成(图5-4)。

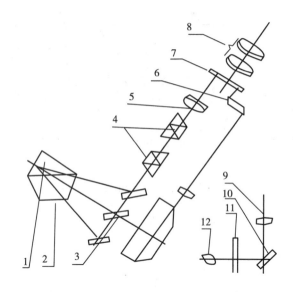

图 5-4　仪器的光学部分

1-进光棱镜；2-折射棱镜；3-摆动反光镜；4-消色散棱镜组；5-望远物镜组；6-平行棱镜；

7-分划板；8-目镜；9-读数物镜；10-反光镜；11-刻度板；12-聚光镜

进光棱镜(1)与折射棱镜(2)之间有一微小均匀的间隙，被测液体就放在此空隙内。当光线(自然光或白炽光)射入进光棱镜(1)时便在其磨砂面上产生漫反射，使被测液层内有各种不同角度的入射光，经过折射镜(2)产生一束折射角均大于出射度 i 的光线。由摆动反射镜(3)将此束光线射入消色散棱镜组(4)，此消色散棱镜组是由一对等色散阿米西棱镜组成，其作用是获得一可变色散来抵消由于折射棱镜对不同被测物体所产生的色散。再由望远镜(5)将此明暗分界线成像于分划板(7)上,分划板上有十字分划线,通过目镜(8)能看到如图5-5所示的上半部所示的象。

光线经聚光镜(12)照明刻度板(11),刻度板与摆动反射镜(3)连成一体,同时绕刻度中心做回转运动。通过反射镜(10),读数物镜(9),平行棱镜(6)将刻度板上不同部位折射率示值成像于分划板(7)上(见图5-5上半部所示的象)。

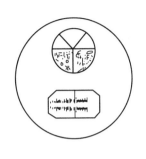

图5-5　上半部所示的象

2. 结构部分(图5-6)

底座(14)为仪器的支承座,壳体(17)固定在其上。除棱镜和目镜以外全部光学组件及主要结构密封于壳体内部。棱镜组固定于壳体上,由进光棱镜、折射棱镜以及棱镜座等结构组成,两只棱镜分别用特种粘合剂固定在棱镜座内。(5)为进光棱镜,(11)为折射标棱镜座,两棱镜座由转轴(2)连接。进光棱镜能打开和关闭,当两棱镜座密合并用手轮(10)锁紧时,二棱镜

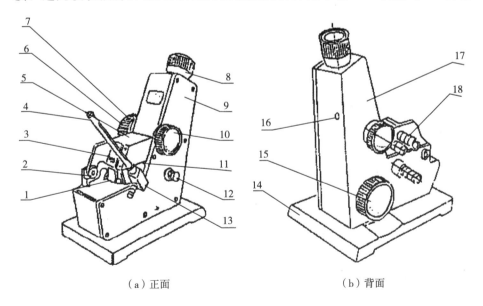

（a）正面　　　　　　　　　　　（b）背面

图5-6　结构部分

面之间保持一均匀的间隙,被测液体应充满此间隙。(3)为遮光板,(18)为 4只恒温器接头,(4)为温度计,(13)为温度计底座,可用乳胶管与恒温器连接使用。(1)为反射镜,(8)为目镜,(9)为盖板,(15)为折射率刻度调节手轮,(6)为色散调节手轮,(7)为色散值刻度圈,(12)为照明刻度盘聚光镜。

(三)使用与操作方法

1. 准备工作

(1)在开始测定前,必须先用蒸馏水(按说明书附表)或用标准试样校对读数。如用标准试样则对折射棱镜的抛光面加 1~2 滴溴代萘,再贴上标准试样的抛光面。当读数视场指示于标准试样上之值时,观察望远镜内明暗分界线是否在十字线中间,若有偏差则用螺丝刀微量旋转如图 5-6 所示上小孔(16)内的螺钉,带动物镜偏摆,使分界线象位移至十字线中心。通过反复地观察与校正,使示值的起始误差降至最小(包括操作者的瞄准误差)。校正完毕后,在以后的测定过程中不允许随意再动此部位。

在日常的测量工作中一般不需校正仪器,如对所测的折射率示值有所怀疑时,可按上述方法进行检验,是否有起始误差,如果有误差应进行校正。

(2)每次测定工作之前及进行示值校准时必须将进光棱镜的毛面,折射棱镜的抛光面及标准试样的抛光面,用无水酒精与乙醚(1:1)的混合液和脱脂棉花轻擦干净,以免留有其他物质,影响成像清晰度和测量准确度。

2. 测定工作

(1)测定透明、半透明液体

将被测液体用干净滴管加在折射棱镜表面,并将进光棱镜盖上,用手轮(10)锁紧,要求液层均匀,充满视场,无气泡。打开遮光板(3),合上反射镜(1),调节目镜视度,使十字线成像清晰,此时旋转手轮(15)并在目镜视场中找到明暗分界线的位置,再旋转手轮(6)使分界线不带任何彩色,微调手轮(15),使分界线位于十字线的中心,再适当转运聚光镜(12),此时目镜视场下方显示的示值即为被测液体的折射率。

（2）测定透明固体

被测物体上需有一个平整的抛光面。把进光棱镜打开，在折射棱镜的抛光面加 1～2 滴比被测物体折射率高的透明液体（如溴代萘），并将被测物体的抛光面擦干净放上去，使其接触良好，此时便可在目镜视场中寻找分界线，瞄准和读数的操作方法如前所述。

（3）测定半透明固体

用上面的方法将被测半透明固体上抛光面粘在折射棱镜上，打开反射镜（1）并调整角度利用反射光束测量，具体操作方法同上。

（4）测量蔗糖溶液质量分数

操作与测量液体折射率时相同，此时读数可直接从视场中示值上半部读出，即为蔗糖溶液质量分数。

（5）测定平均色散值

基本操作方法与测量折射率时相同，只是以两个不同方向转动色散调节手轮（6）时，使视场中明暗分界线无彩色为止。此时需记下每次在色散值刻度圈（7）上指示的刻度值 Z，取其中平均值，再记下其折射率 n_D。根据折射率 n_D 值，在阿贝折射仪色散表的同一横行中找出 A 和 B 值（若 n_D 在表中两数值中间时用内插法求得）。再根据 Z 值在表中查出相应的 α 值，当 $Z > 30$ 时 α 值取负值。当 $Z < 30$ 时 α 取正值，按照所求出的 A、B、α 值代入色散值公式 $n_f - n_c = A + B\alpha$ 就可以求出平均色散值。

（6）若需测量在不同温度时的折射率，将温度计旋入温度计座（13）中，接上恒温器的通水管，把恒温器的温度调节到所需测量温度，接通循环水，待温度稳定十分钟后，即可测量。

实验六　挥发性双液系 T-X 图的绘制

一、实验目的

(1)绘制常压下环己烷-异丙醇双液系的 T-X 图,并找出恒沸点混合物的组成和最低恒沸点。

(2)学会阿贝折射仪的使用。

二、实验原理

在常温下,任意两种液体混合组成的体系称为双液体系。若两液体能按任意比例相互溶解,则称完全互溶双液体系;若只能部分互溶,则称部分互溶双液体系。

液体的沸点是指液体的蒸气压与外界大气压相等时的温度。在一定的外压下,纯液体有确定的沸点。而双液体系的沸点不仅与外压有关,还与双液体系的组成有关。图 6-1 是一种最简单的完全互溶双液系的 T-X 图。图中纵轴是温度(沸点)T,横轴是液体 B 的摩尔分数 X_B(或质量百分组成),上面一条是气相线,下面一条是液相线,对应于同一沸点温度的二曲线上的两个点,就是互相成平衡的气相点和液相点,其相应的组成可从横轴上获得。因此如果在恒压下将溶液蒸馏,测定气相馏出液和液相蒸馏液的组成就能绘出 T-X 图。

如果液体与拉乌尔定律的偏差不大,在 T-X 图上溶液的沸点介于 A、

B 二纯液体的沸点之间(图 6-1),实际溶液由于 A、B 二组分的相互影响,常与拉乌尔定律有较大偏差,在 T-X 图上会有最高或最低点出现。如图 6-2所示,这些点称为恒沸点,其相应的溶液称为恒沸点混合物。恒沸点混合物蒸馏时,所得的气相与液相组成相同,靠蒸馏无法改变其组成。如 HCl 与水的体系具有最高恒沸点,苯与乙醇的体系则具有最低恒沸点。

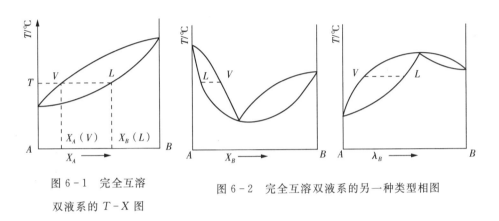

图 6-1　完全互溶
　　　双液系的 T-X 图

图 6-2　完全互溶双液系的另一种类型相图

　　本实验是用回流冷凝法测定环己烷-异丙醇体系的沸点组成图。其方法是用阿贝折射仪测定不同组成的体系,在沸点温度时气、液相的折射率,再从折射率组成工作曲线上查得相应的组成,然后绘制沸点组成图。

三、仪器药品

1. 仪器

沸点仪 1 套,小漏斗 1 只,阿贝折射仪 1 台,移液管(1 mL)2 支。

2. 药品

环己烷、异丙醇。

四、实验步骤

　　(1)配制含异丙醇 5%、10%、25%、35%、50%、75%、85%、90%、95%质量的环己烷溶液。

（2）温度计校正

将蒸馏器（如图 6 - 3）洗净、烘干后用漏斗从加料口加入异丙醇约 25 mL，使温度计的水银球的位置一半浸入溶液中，一半露在蒸气中，通电加热使溶液沸腾待温度稳定时记录所得温度和室内大气压。停止通电，倾出异丙醇到原瓶中。

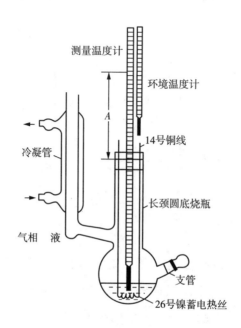

图 6 - 3　蒸馏器的结构图

（3）在蒸馏瓶中加入 25 mL 含异丙醇约为 5％ 的环己烷溶液，打开冷凝水，同法加热使溶液沸腾。最初在冷凝管下端袋状部的溶液不能代表平衡时气相的组成，为加速达到平衡可将袋状部内最初冷凝的液体倾回蒸馏器底部，并反复 2～3 次，待温度读数稳定后记下沸点并停止加热。随即在冷凝管上口插入长吸液管吸取袋状部的蒸出液迅速测其折射率，再用另一支短的吸管取液相液体迅速测其折射率，每份样品需读数 3 次，取其平均值。实验完毕将蒸馏器中液体倒回原瓶。

同样地，用含异丙醇约为 10％，25％，35％，50％，75％，85％，90％，95％的环己烷溶液进行实验，各次实验后的溶液均倒回原瓶，实验过程中应注意室内气压的读数。

五、注意事项

(1)由于整个体系并非绝对恒温,气、液两相的温度会有少许差别,因此在沸点仪中,温度计水银球的位置应一半浸在溶液中,一半露在蒸气中。并随着溶液量的增加要不断调节水银球的位置。

(2)电阻丝不能露出液面,一定要被欲测定溶液浸没,否则通电加热会引起有机液体燃烧。

(3)在每一份样品的蒸馏过程中,由于整个体系的成分不可能保持恒定,因此平衡温度会略有变化,特别是当溶液中两种组成的量相差较大时,变化更为明显。为此每加入一次样品后,只要待溶液沸腾,正常回流 1 min～2 min 后,即可取样测定,不宜等待时间过长。

(4)每次取样量不宜过多,取样时毛细滴管一定要干燥,不能留有上次的残液,气相取样口的残液亦要擦干净。

(5)使用折射仪时,棱镜不能触及硬物(如滴管),擦拭棱镜用擦镜纸。

(6)只能在停止加热后才能取样分析。

(7)实验过程中必须在冷凝管中通入冷却水,以使气相全部冷凝。

六、数据处理

(1)溶液的沸点与大气压有关。应用特鲁顿规则及克劳修斯-克拉贝隆公式可得溶液沸点随大气压变化的近似式:

$$T_b = T_{ob} + [T_{ob}(p - p_o)]/1013250$$

式中,T_{ob} 为标准大气压下(p_o)的正常沸点。异丙醇为 355.5 K;T_b 为实验时大气压 p 的沸点。

计算纯异丙醇在实验大气压下沸点,与实验时温度计上读得的沸点相比较,求出温度计本身误差的校正值。并逐一改正各不同浓度溶液的沸点。

(2)已知 293.2 K 环己烷与异丙醇混合液的浓度与折光率 n_D^{20} 的数据见表 6-1

表 6-1 浓度与折光率数据

异丙醇的摩尔百分数(%)	n_D^{20}	异丙醇的质量百分数(%)	异丙醇的摩尔百分数(%)	n_D^{20}	异丙醇的质量百分数(%)
0	1.4263	0	40.04	1.4077	32.61
10.66	1.4210	7.85	46.04	1.4050	37.85
17.04	1.4181	12.79	50.00	1.4029	41.65
20.00	1.4168	15.54	60.00	1.3983	51.72
28.34	1.4130	22.02	80.00	1.3882	74.05
32.03	1.4113	25.17	100.00	1.3773	
37.14	1.4090	29.67			

用坐标纸绘出 n_D^{20} 与质量百分数的关系曲线,根据测定结果,从图上查出馏出液及蒸馏液的成分(若在实验测定折光率时的温度不是 20 ℃,则应另找一条在该温度的标准曲线,或者近似地以温度每升高 1 ℃,折光率降低 4×10^{-4},改正到 20 ℃后再在图上找到相应成分),列于下表。

室温:_____   大气压:_____

序号	t(沸点)(℃)		液 相			气 相		
	测定值	校正后	n_D	n_D^{20}	W(异丙醇)%	n_D	n_D^{20}	W(异丙醇)%

(3)绘制沸点-组成图,并标明最低恒沸点和组成。环己烷的正常沸点是 353.4 K。

【思考问题】

（1）在该实验中，测定工作曲线时折射仪的恒温温度与测定样品时折射仪的恒温温度是否需要保持一致？为什么？

（2）试估计哪些因素是本实验的误差主要来源？

（3）蒸馏器中收集气相冷凝液的袋状部的大小对结果有何影响？

（4）你认为本实验所用的蒸馏器尚有哪些缺点？如何改进？

培养、提高透过现象看本质的本领，要在前人基础上大胆创新，发掘新观点、新内容、新理论。培养、树立实事求是，团结协作的作风，要树立正确挫折观。

实验七　二组分金属相图的绘制

一、实验目的

(1)学会用热分析法测绘 Sn-Pb 二组分金属相图。

(2)了解热电偶测量温度和进行热电偶校正的方法。

二、实验原理

测绘金属相图常用的实验方法是热分析法,其原理是将一种金属或合金熔融后,使之均匀冷却,每隔一定时间记录一次温度,表示温度与时间关系的曲线叫步冷曲线。当熔融体系在均匀冷却过程中无相变化时,其温度将连续均匀下降得到一光滑的冷却曲线;当体系内发生相变时,则因体系产生之相变热与自然冷却时体系放出的热量相抵偿,冷却曲线就会出现转折或水平线段,转折点所对应的温度,即为该组成合金的相变温度。利用冷却曲线所得到的一系列组成和所对应的相变温度数据,以横轴表示混合物的组成,纵轴上标出开始出现相变的温度,把这些点连接起来,就可绘出相图。

二元简单低共熔体系的冷却曲线具有如图 7-1 所示的形状。

用热分析法测绘相图时,被测体系必须时时处于或接近相平衡状态,因此必须保证冷却速度足够慢才能得到较好的效果。此外,在冷却过程中,一个新的固相出现以前,常常发生过冷现象,轻微过冷则有利于测量相变温度;但严重过冷现象,却会使折点发生起伏,使相变温度的确定产生困难,见

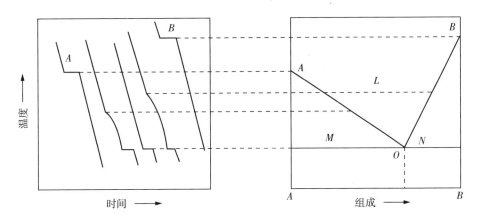

图 7-1　根据步冷曲线绘制相图

图 7-2。遇此情况,可延长 dc 线与 ab 线相交,交点 e 即为转折点。

三、仪器药品

1. 仪器

立式加热炉 1 台,冷却保温炉 1 台,长图自动平衡记录仪 1 台,调压器 1 台,镍铬－镍硅热电偶 1 副,样品坩埚 6 个,玻璃套管 6 只,烧杯(250 mL)2 个,玻璃棒 1 只。

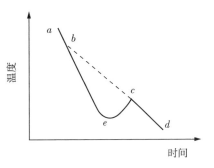

图 7-2　有过冷现象时的步冷曲线

2. 药品

Sn(化学纯),Pb(化学纯),石蜡油,石墨粉。

五、实验步骤

1. 热电偶的制备

取 60 cm 长的镍铬丝和镍硅丝各一段,将镍铬丝用小绝缘瓷管穿好,将其一端与镍硅丝的一端紧密地扭合在一起(扭合头为 0.5 cm)。将扭合头稍稍加热立即沾以硼砂粉,并用小火熔化,然后放在高温焰上小心烧结,直到扭头熔成一光滑的小珠,冷却后将硼砂玻璃层除去。

2. 样品配制

用感量 0.1 g 的台秤分别称取纯 Sn、纯 Pb 各 50 g,另配制含锡 20%、40%、60%、80% 的铋锡混合物各 50 g,分别置于坩埚中,在样品上方各覆盖一层石墨粉。

3. 绘制步冷曲线

(1)将热电偶及测量仪器连接好。

(2)将盛样品的坩埚放入加热炉内加热(控制炉温不超过 400 ℃)。待样品熔化后停止加热,用玻璃棒将样品搅拌均匀,并将石墨粉拨至样品表面,以防止样品氧化。

(3)将坩埚移至保温炉中冷却,此时热电偶的尖端应置于样品中央,以便反映体系的真实温度,同时开启记录仪绘制步冷曲线,直至水平线段以下为止。

(4)用上述方法绘制所有样品的步冷曲线。

(5)用小烧杯装一定量的水,在电炉上加热,将热电偶插入水中绘制出当水沸腾时的水平线。

六、注意事项

(1)用电炉加热样品时,注意温度要适当,温度过高样品易氧化变质;温度过低或加热时间不够则样品没有全部熔化,步冷曲线转折点测不出。

(2)热电偶热端应插到样品中心部位,在套管内注入少量的石蜡油,将热电偶浸入油中,以改善其导热情况。搅拌时要注意勿使热端离开样品,金属熔化后常使热电偶玻璃套管浮起,这些因素都会导致测温点变动,必须消除。

(3)在测定一样品时,可将另一待测样品放入加热炉内预热,以便节约时间。合金有两个转折点,必须待第二个转折点测完后方可停止实验,否则须重新测定。

七、数据处理

(1)用已知纯 Sn、纯 Pb 的熔点及水的沸点作横坐标,以纯物步冷曲线中的平台温度为纵坐标作图,画出热电偶的工作曲线。

(2)找出各步冷曲线中拐点和平台对应的温度值。

(3)从热电偶的工作曲线上查出各拐点温度和平台温度,以温度为纵坐标,以组成为横坐标,绘出 Sn - Pb 合金相图。

【思考问题】

(1)对于不同成分的混合物的步冷曲线,其水平段有什么不同?

(2)作相图还有哪些方法?

人类文明历程与材料密切联系,正是材料的进步引领了人类文明不断前行,从而彰显我国材料科学发展的悠久历史,各时代的材料技术几乎都走在世界的前列,通过学习本书可提升学生的民族荣誉感和专业认同感。金属与合金的结晶、二元合金的制造,材料的结晶需要能量起伏、结构起伏、浓度起伏,这些包含在"量变到质变"哲学思想之中。人类在尝试揭示金属的强度谜团过程中经历了无数失败之后,泰勒在 1934 年提出位错在晶体中连续运动造成了滑移,成功解决了这一问题,位错理论才真正得以建立和发展完善。而随着表征技术的进步,直到 1950 年透射电子显微镜问世后,位错的存在和运动方式才得到实验证实。这说明科学发现来之不易,对科学的认识也需要经历一个漫长的过程,在这个过程中,要有强烈的信念才能坚持。

实验八 蔗糖水解速率常数的测定

一、实验目的

(1) 了解蔗糖水解反应系统中各物质浓度与旋光度 G_0 之间的关系；

(2) 测定蔗糖水解反应的速率常数 G_0；

(3) 了解旋光仪的基本原理，掌握其使用方法。

二、预习要求

(1) 掌握旋光度与蔗糖转化反应速率常数的关系；

(2) 掌握旋光度的测定方法；

(3) 了解旋光仪的构造及使用方法。

三、实验原理

反应 $A+B \rightarrow C$ 的速率方程为：

$$\frac{\mathrm{d}x}{\mathrm{d}t} = k'(a-x)(b-x) \qquad (8-1)$$

式中，a,b 表示 A,B 的起始浓度；x 为时间 t 时生成物的浓度，k' 为反应速率常数。

这是一个二级反应。但是，如果起始时两物质的浓度相差很远，$b \gg a$，在反应过程中 B 的浓度减少很少，可视为常数，上式可写为：

$$\frac{\mathrm{d}x}{\mathrm{d}t} = k(a-x) \tag{8-2}$$

此式为一级反应,把上式移项积分得:

$$\ln(a-x) = -kt + C' \tag{8-3}$$

蔗糖水解反应就属于这类反应:

$$C_{12}H_{22}O_{11}(蔗糖) + H_2O \rightarrow C_6H_{12}O_6(葡萄糖) + C_6H_{12}O_6(果糖)$$

为使水解反应加速,常以酸为催化剂,故反应在酸性介质中进行。由于反应中水是溶剂,可以认为整个反应中水的浓度基本是恒定的。而 H^+ 是催化剂,其浓度也是固定的。所以,此反应可视为一级反应。

蔗糖及水解产物均为旋光性物质。但它们的旋光能力不同,故可以利用体系在反应过程中旋光度的变化来衡量反应的进程。溶液的旋光度与溶液中所含旋光物质的种类、浓度、溶剂的性质、液层厚度、光源波长及温度等因素有关。

当其他条件不变时,旋光度 α 与浓度 c 成正比。即:

$$\alpha = Ac \tag{8-4}$$

式中,A 是一个与物质旋光能力、液层厚度、溶剂性质、光源波长、温度等因素有关的常数。

在蔗糖的水解反应中,反应物蔗糖是右旋性物质,产物中葡萄糖也是右旋性物质,果糖则是左旋性物质。因此,随着水解反应的进行,系统的旋光度不断减小,由右旋(正)变为左旋(负)。旋光度与浓度成正比,并且溶液的旋光度为各组成的旋光度之和。若反应时间为 $0, t, \infty$ 时溶液的旋光度分别用 $\alpha_0, \alpha, \alpha_\infty$ 表示。则:

$$\alpha_0 = A_1 a \tag{8-5}$$

$$\alpha_\infty = A_2 a \tag{8-6}$$

$$\alpha = A_1(a-x) + A_2 x \tag{8-7}$$

联立 $(8-3)(8-5)(8-6)(8-7)$ 式可得:

$$\ln(\alpha - \alpha_\infty) = -kt + C \tag{8-8}$$

由上式可见,以 $\ln(\alpha-\alpha_\infty)$ 对 t 作图并拟合直线,由该直线的斜率即可求得反应速率常数 k。

若测得两个温度 T_1、T_2 下的反应速率常数 k_1、k_2,可利用阿仑尼乌斯公式计算反应的活化能 E_a:

$$\ln\frac{k_2}{k_1}=\frac{E_a}{R}\left(\frac{1}{T_1}-\frac{1}{T_2}\right) \qquad\qquad (8-9)$$

四、仪器与药品

圆盘旋光仪、旋光管、恒温水槽、秒表、烧杯(50 mL)、移液管(25 mL)、$1.8\ mol \cdot dm^{-3}$ 的 HCl 溶液、20%的蔗糖溶液(现制现用)。

五、实验步骤

1. 将恒温槽调节到 298 K 恒温

在恒温旋光管中接上恒温水。

2. 旋光仪零点的校正

洗净恒温旋光管,将管子一端的盖子旋紧,向管内注入蒸馏水,把玻璃片盖好,使管内无气泡存在,再旋紧套盖,勿使漏水。用吸水纸擦净旋光管,再用擦镜纸将管两端的玻璃片擦净。放入旋光仪中盖上槽盖,打开光源,调节目镜使视野清晰,然后旋转检偏镜至观察到的三分视野暗度相等为止,记下检偏镜之旋转角 α,重复操作 3 次,取其平均值,即为旋光仪的零点。

3. 蔗糖水解过程中 α 的测定

用移液管移取 20%蔗糖溶液 25 ml 放入一直干燥的 50 ml 的烧杯中,用另一只移液管吸取 25 ml 1.8 mol/L 的 HCl 放在另一只干燥的 50 ml 的烧杯中,将两个烧杯放在 298 K 的恒温槽中恒温,恒温大约 5 分钟,混合两溶液并开始计时,使之充分混合。用此溶液荡洗旋光管 2~3 次,将混合液装满旋光管由于温度已改变,需将旋光管再在恒温槽恒温 5 min 左右,取出擦干立刻置于旋光仪中,盖上槽盖。测量不同时间 t 时溶液的旋光度 α 测定时要迅速准确,当将三分视野暗度调节相同后,先记下时间,再读取旋光度。每隔一定时间,读取一次旋光度。开始时,可每 3 min 读一次,30 min 后,每 5 min 读一次,测定 1 h。

4. α_∞ 的测定

将步骤 3 剩余的混合液置于近 60℃ 的水浴中,恒温 30 min 以加速反应,然后冷却至实验温度。按上述操作,测定其旋光度,此值即可认为是 α_∞。

5. 将恒温槽调节到 308 K 恒温,按实验步骤 3、4 测定 308 K 时的 α 及 α_∞。

六、注意事项

(1)装样品时,旋光管管盖旋至不漏液体即可,不要用力过猛,以免压碎玻璃片。

(2)在测定 α_∞ 时,通过加热使反应速度加快转化完全,但加热温度不要超过 60℃,以免发生副反应。

(3)由于酸对仪器有腐蚀,操作时应特别注意,避免酸液滴漏到仪器上,实验结束后必须将旋光管洗净。

(4)旋光仪中的钠光灯不宜长时间开启,测量间隔较长时应熄灭,以延长使用寿命。

七、数据处理

(1)将实验数据记录于下表

温度:_____　　　　　　　　　　　　　　　α_∞:_____

反应时间	α_t	$\alpha_t - \alpha_\infty$	$\ln(\alpha_t - \alpha_\infty)$

(2)以 $\ln(\alpha_t - \alpha_\infty)$ 对 t 作图拟合直线,由直线的斜率求出反应速率常数 k;

(3)由两个温度测得的 k 计算反应的活化能。

八、思考题

(1)在实验中,为什么用蒸馏水来校正旋光仪的零点? 在蔗糖转化反应过程中,所测的旋光度 α_t 是否需要零点校正? 为什么?

(2)蔗糖溶液为什么可粗略配制?

(3)蔗糖的转化速度和哪些因素有关?

实验九 乙酸乙酯皂化反应速率常数的测定

一、实验目的

(1)用电导率仪测定乙酸乙酯皂化反应进程中的电导率。

(2)学会用图解法求二级反应的速率常数,并计算该反应的活化能。

(3)学会使用电导率仪和恒温水浴。

二、预习要求

(1)了解电导法测定化学反应速率常数的原理。

(2)如何用图解法求二级反应的速率常数及如何计算反应的活化能。

(3)了解电导率仪和恒温水浴的使用方法及注意事项。

三、实验原理

乙酸乙酯皂化反应是个二级反应,其反应方程式为

$$CH_3COOC_2H_5 + Na^+ + OH^- \rightarrow CH_3COO^- + Na^+ + C_2H_5OH$$

当乙酸乙酯与氢氧化钠溶液的起始浓度相同时,如果均为 a,则反应速率表示为

$$\frac{\mathrm{d}x}{\mathrm{d}t} = k(a-x)^2 \qquad (9-1)$$

式中,x 为时间 t 时反应物消耗掉的浓度,k 为反应速率常数。将上式积

分得

$$\frac{x}{a(a-x)}=kt \qquad (9-2)$$

起始浓度 a 为已知,因此只要由实验测得不同时间 t 时的 x 值,以 $\frac{x}{a-x}$ 对 t 作图,应得一直线,从直线的斜率 $m(=ak)$ 便可求出 k 值。

乙酸乙酯皂化反应中,参加导电的离子有 OH^-、Na^+ 和 CH_3COO^-,由于反应体系是很稀的水溶液,可认为 CH_3COONa 是全部电离的。因此,反应前后 Na^+ 的浓度不变,随着反应的进行,仅仅是导电能力很强的 OH^- 离子逐渐被导电能力弱的 CH_3COO^- 离子所取代,致使溶液的电导逐渐减小。因此可用电导率仪测量皂化反应进程中电导率随时间的变化,从而达到跟踪反应物浓度随时间变化的目的。

令 G_0 为 $t=0$ 时溶液的电导,G_t 为时间 t 时混合溶液的电导,G_∞ 为 $t=\infty$(反应完毕)时溶液的电导。则稀溶液中,电导值的减少量与 CH_3COO^- 浓度成正比,设 K 为比例常数,则

$$t=t \text{ 时},x=x,x=K(G_0-G_t)$$

$$t=\infty \text{ 时},x\to a,a=K(G_0-G_\infty)$$

由此可得

$$a-x=K(G_t-G_\infty)$$

所以 $(9-2)$ 式中的 $a-x$ 和 x 可以用溶液相应的电导表示,将其代入 $(9-2)$ 式得:

$$\frac{1}{a}\frac{G_0-G_t}{G_t-G_\infty}=kt$$

重新排列得:

$$G_t=\frac{1}{ak}\cdot\frac{G_0-G_t}{t}+G_\infty \qquad (9-3)$$

因此,只要测不同时间溶液的电导值 G_t 和起始溶液的电导值 G_0,然后以 G_t 对 $\dfrac{G_0-G_t}{t}$ 作图应得一直线,直线的斜率为 $\dfrac{1}{ak}$,由此便求出某温度下的反应速率常数 k 值。由电导与电导率 κ 的关系式: $G=\kappa\dfrac{A}{l}$ 代入(9-3)式得:

$$\kappa_t=\frac{1}{ak}\cdot\frac{\kappa_0-\kappa_t}{t}+\kappa_\infty \tag{9-4}$$

通过实验测定不同时间溶液的电导率 κ_t 和起始溶液的电导率 κ_0,以 κ_t 对 $\dfrac{\kappa_0-\kappa_t}{t}$ 作图,也得一直线,从直线的斜率也可求出反应速率数 k 值。如果知道不同温度下的反应速率常数 $k(T_2)$ 和 $k(T_1)$,根据 Arrhenius 公式,可计算出该反应的活化能 E 和反应半衰期。

四、仪器和药品

1. 仪器

电导率仪(附 DJS-1 型铂黑电极)1 台,烧杯(50 mL)4 只,恒温水浴 1 套,停表 1 只,移液管(20 mL)3 只,容量瓶(250 mL)1 个。

2. 药品

NaOH 水溶液(0.0200 mol·dm^{-3})、乙酸乙酯(A.R.)、电导水。

五、实验步骤

1. 配制溶液

配制与 NaOH 准确浓度(0.0200 mol·dm^{-3})相等的乙酸乙酯溶液:找出室温下乙酸乙酯的密度,进而计算出并配制 250 mL 0.0200 mol·dm^{-3}(与 NaOH 准确浓度相同)的乙酸乙酯水溶液所需的乙酸乙酯的毫升数 V,然后用 1 mL 移液管吸取 V mL 乙酸乙酯注入 250 mL 容量瓶中,稀释至刻度,即为 0.0200 mol·dm^{-3} 的乙酸乙酯水溶液。

2. 调节恒温槽

将恒温槽的温度调至(25.0±0.1)℃[或(30.0±0.1)℃]。

3. 调节电导率仪

4. 溶液起始电导率 κ_0 的测定

在干燥的 50 mL 烧杯中,用移液管加入 20 mL 0.0200 mol·dm^{-3} 的 NaOH 溶液和同数量的电导水,混合均匀后,恒温约 15 min,并轻轻摇动数次,然后将电极插入溶液,测定溶液电导率,直至不变为止,此数值即为 κ_0。

5. 反应时电导率 κ_t 的测定

用移液管移取 20 mL 0.0200 mol·dm^{-3} 的 CH$_3$COOC$_2$H$_5$,加入干燥的 50 mL 烧杯中,用另一只移液管取 20 mL 0.0200 mol·dm^{-3} 的 NaOH,加入另一干燥的 50 mL 烧杯中。将两个烧杯置于恒温槽中恒温 15 min,并摇动数次。将温好的 NaOH 溶液迅速倒入盛有 CH$_3$COOC$_2$H$_5$ 的烧杯中,同时开动停表,作为反应的开始时间,迅速将溶液混合均匀,测定溶液的电导率 κ_t,在 4 min、6 min、8 min、10 min、12 min、15 min、20 min、25 min、30 min、35 min、40 min 各测电导率一次,记下 κ_t 和对应的时间 t。

6. 另一温度下 κ_0 和 κ_t 的测定

调节恒温槽温度为 (35.0±0.1)℃ [或 (40.0±0.1)℃],重复上述 4、5 步骤,测定另一温度下的 κ_0 和 κ_t。但在测定 κ_t 时,按反应进行 4 min、6 min、8 min、10 min、12 min、15 min、18 min、21 min、24 min、27 min、30 min 测其电导率。实验结束后,关闭电源,取出电极,用电导水洗净并置于电导水中保存待用。

六、注意事项

(1)本实验需用电导水,并避免接触空气及落入灰尘杂质。

(2)配好的 NaOH 溶液要防止空气中的 CO$_2$ 气体进入。

(3)乙酸乙酯溶液和 NaOH 溶液浓度必须相同。

(4)乙酸乙酯溶液需临时配制,配制时动作要迅速,以减少挥发损失。

七、数据处理

(1)将 t, κ_t, $\dfrac{\kappa_0 - \kappa_t}{t}$ 数据列表。

(2)以两个温度下的 κ_t 对 $(\kappa_0 - \kappa_t)/t$ 作图,分别得一直线。

(3)由直线的斜率计算各温度下的速率常数 k 和反应半衰期 $t_{1/2}$。

(4)由两温度下的速率常数,按 Arrhenius 公式,计算乙酸乙酯皂化反应的活化能。

【思考问题】

(1)为什么以 $0.0100\ mol \cdot dm^{-3}$ NaOH 溶液的电导率就可认为是 κ_0?

(2)如果 NaOH 和 $CH_3COOC_2H_5$ 溶液为浓溶液时,能否用此法求 k 值,为什么?

实验十　电导的测定及其应用

一、实验目的

(1)了解溶液电导的基本概念。

(2)学会电导(率)仪的使用方法。

(3)掌握溶液电导的测定及应用。

二、预习要求

掌握溶液电导测定中各量之间的关系,学会电导(率)仪的使用方法。

三、实验原理

AB 型弱电解质在溶液中电离达到平衡时,电离平衡常数 K_C 与原始浓度 C 和电离度 α 有以下关系:

$$K_C = \frac{C\alpha^2}{1-\alpha} \tag{10-1}$$

在一定温度下 K_C 是常数,因此可以通过测定 AB 型弱电解质在不同浓度时的 α 代入(1)式求出 K_C。

醋酸溶液的电离度可用电导法来测定。

将电解质溶液放入电导池内,溶液电导(G)的大小与两电极之间的距离(l)成反比,与电极的面积(A)成正比:

$$G = k \frac{A}{l} \tag{10-2}$$

式中，$\left(\frac{A}{l}\right)$ 为电导率常数，以 K_{cell} 表示；κ 为电导率。其物理意义如下：在两平行而相距 1 m，面积均为 1 m² 的两电极间，电解质溶液的电导称为该溶液的电导率，其单位以 SI 制表示为 S·m⁻¹（CGS 制表示为 S·cm⁻¹）。

由于电极的 l 和 A 不易精确测量，因此在实验中用已知电极常数的电极测定。

溶液的摩尔电导率是指把含有 1 mol 电解质的溶液置于相距为 1 m 的两平行板电极之间的电导。以 Λ_m 表示，其单位以 SI 单位制表示为 S·m²·mol⁻¹（以 CGS 单位制表示为 S·cm²·mol⁻¹）。摩尔电导率与电导率的关系：

$$\Lambda_m = \frac{K}{C} \tag{10-3}$$

式中，C 为该溶液的浓度，其单位以 SI 单位制表示为 mol·m⁻³。对于弱电解质溶液来说，可以认为：

$$\alpha = \frac{\Lambda_m}{\Lambda_m^{\infty}} \tag{10-4}$$

Λ_m^{∞} 是溶液在无限稀释时的摩尔电导率。对于强电解质溶液（如 KCl、NaAc），其 Λ_m 和 C 的关系为 $\Lambda_m = \Lambda_m^{\infty}(1 - \beta\sqrt{C})$。对于弱电解质（如 HAc 等），Λ_m 和 C 则不是线性关系，故它不能像强电解质溶液那样，从 $\Lambda_m - \sqrt{C}$ 的图外推至 $C=0$ 处求得 Λ_m^{∞}。但我们知道，在无限稀释的溶液中，每种离子对电解质的摩尔电导率都有一定的贡献，是独立移动的，不受其他离子的影响，对电解质 $M_{v_+} A_{v_-}$ 来说，即 $\Lambda_m^{\infty} = v_+ \lambda_m^{\infty} + v_- \lambda_m^{\infty}$。弱电解质 HAc 的 Λ_m^{∞} 可由强电解质 HCl、NaAc 和 NaCl 的 Λ_m^{∞} 的代数和求得：

$$\Lambda_m^{\infty}(\text{HAc}) = \lambda_m^{\infty}(\text{H}^+) + \lambda_m^{\infty}(\text{Ac}^-) = \Lambda_m^{\infty}(\text{HCl}) + \Lambda_m^{\infty}(\text{NaAc}) - \Lambda_m^{\infty}(\text{NaCl})$$

把(10-4)代入(10-1)式可得：

$$K_C = \frac{\Lambda_m^2}{\Lambda_m^{\infty}(\Lambda_m^{\infty} - \Lambda_M)} C \tag{10-5}$$

或 $$C\Lambda_m = (\Lambda_m^\infty)^2 K_C \frac{1}{\Lambda_m} - \Lambda_m^\infty K_C \qquad (10-6)$$

以 $C\Lambda_m$ 对 $\frac{1}{\Lambda_m}$ 作图,其直线的斜率为 $(\Lambda_m^\infty)^2 K_C$,如果知道 Λ_m^∞ 值,就可算出 K_C。

四、仪器药品

1. 仪器

电导仪(或电导率仪)1台,恒温槽1套,电导电极1只,大试管2只,移液管(20 mL、10 mL)各1只,洗瓶1只,洗耳球1只。

2. 药品

$0.1000 \text{ mol} \cdot \text{m}^{-3}$ HAc 溶液。

五、实验步骤

(1)调整恒温槽温度298.2 K。

(2)在洗净的大试管中加入20 ml的0.1 mol/L醋酸溶液,测定其电导率。

(3)用吸取醋酸的移液管从试管中吸出10 mL溶液弃去,用另一只移液管取10 mL电导水注入盛有醋酸溶液的大试管,混合均匀,等温度恒定,测其电导率,如此操作,共稀释4次。

(4)倒去醋酸,洗净试管,注入20 ml电导水,测其电导率实验完毕后仍将电极浸在蒸馏水中。

六、注意事项

(1)实验中温度要恒定,测量必须在同一温度下进行。恒温槽的温度要控制在(25.0±0.1)℃或(30.0±0.1)℃。

(2)每次测定前,都必须将电导电极及电导池洗涤干净,以免影响测定结果。

七、数据处理

大气压：_____；室温：_____；实验温度：_____。

HAc 原始浓度：_____。

$C/$ mol·m^{-3}	G/S	$K/$ S·m^{-1}	$\Lambda_m/$ S·m^2·mol^{-1}	$\Lambda_m^{-1}/$ S^{-1}·m^{-2}·mol	$C\Lambda_m/$ S·m^{-1}	α	$K_C/$ mol·m^{-3}	$\overline{K}_C/$ mol·m^{-3}

按公式(6)以 $C\Lambda_m$ 对 $\dfrac{1}{\Lambda_m}$ 作图应得一直线,直线的斜率为 $(\Lambda_m^{\infty})^2 K_C$,由此求得 K_C,并与上述结果进行比较。

【思考问题】

(1)为什么要测电导池常数？如何得到该常数？

(2)测电导时为什么要恒温？实验中测电导池常数和溶液电导,温度是否要一致？

实验十一　电动势的测定及应用

一、实验目的

(1)掌握可逆电池电动势的测量原理和电位差计的操作技术。

(2)学会几种电极和盐桥的制备方法。

(3)通过原电池电动势的测定求算有关热力学函数。

二、预习要求

(1)了解如何正确使用电位差计、标准电池和检流计。

(2)了解可逆电池、可逆电极、盐桥等概念及其制备。

(3)了解通过原电池电动势测定求算有关热力学函数的原理。

三、实验原理

　　凡是能使化学能转变为电能的装置都称之为电池(或原电池)。原电池是由两个"半电池"组成,每个半电池中包含一个电极和相应的电解质溶液,不同的半电池可以组成各种各样的原电池。电池反应中正极起还原作用,负极起氧化作用,而电池反应是电池中两个电极反应的总和,其电动势为组成该电池的两个半电池的电极电势的代数和。若已知一半电池的电极电势,通过测定电动势,即可求出另一半电池的电极电势。目前尚不能从实验上测定半个电池的电极电势。在电化学中,电极电势是以某一电极为标准而求出的其他电极的相对值。现在国际上采用的标准电极是标准氢电极，即 $\alpha_{H^+} = 1, p_{H_2} = 101325 \text{ Pa}$ 时被氢气所饱和的铂电极。但氢电极使用比较麻烦，因此常把具有稳定电势的电极，如甘汞电极，银～氯化银电极作为第二类参比电极。对定温定压下的可逆电池而言：

$$(\Delta_r G_m)_{T,P} = -Nfe \tag{11-1}$$

$$\Delta_r S_m = nF\left(\frac{\partial E}{\partial T}\right)_F \tag{11-2}$$

$$\Delta_r H_m = -nFE + nFT\left(\frac{\partial E}{\partial T}\right)_F \tag{11-3}$$

式中，F 为法拉第（Farady）常数；n 为电极反应式中电子的计量系数；E 为电池的电动势。

可逆电池应满足如下条件：

（1）电池反应可逆，亦即电池电极反应可逆。

（2）电池中不允许存在任何不可逆的液接界。

（3）电池必须在可逆的情况下工作，即充放电过程必须在平衡态下进行，亦即允许通过电池的电流为无限小。

因此在制备可逆电池、测定可逆电池的电动势时应符合上述条件，在精确度不高的测量中，常用正负离子迁移数比较接近的盐类构成"盐桥"来消除液接电位。用电位差计测量电动势也可满足通过电池电流为无限小的条件。

可逆电池的电动势可看作正、负两个电极的电势之差。设正极电势为 φ_+，负极电势为 φ_-，则：

$$E = \varphi_+ - \varphi_-$$

1. 求难溶盐 AgCl 的溶度积 K

设计电池如下：

$$\text{Ag(S)} - \text{AgCl(S)} | \text{HCl}(0.1000 \text{ mol} \cdot \text{kg}^{-1}) \parallel \text{AgNO}_3(0.1000 \text{ mol} \cdot \text{kg}^{-1}) | \text{Ag(S)}$$

银电极反应： $\qquad\qquad \text{Ag}^+ + \text{e} \rightarrow \text{Ag}$

银-氯化银电极反应：$\qquad$ $Ag+Cl^- \rightarrow AgCl+e$

总的电池反应为：$\qquad$ $Ag^+ + Cl^- \rightarrow AgCl$

$$E = E^\Theta - \frac{RT}{F} \ln \frac{1}{\alpha_{Ag^+} \alpha_{a^-}}$$

$$E^\Theta = E + \frac{RT}{F} \ln \frac{1}{\alpha_{Ag^+} \alpha_{a^-}} \qquad (11-4)$$

又

$$\Delta_r G_m^\Theta = -nFE^\Theta = -RT\ln \frac{1}{K_{SP}} \qquad (11-5)$$

式(11-5)中 $n=1$，在纯水中 AgCl 溶解度极小，所以活度积就等于溶度积。所以：

$$-E^\Theta = \frac{RT}{F} \ln K_{SP} \qquad (11-6)$$

(11-6)代入(11-4)化简之有：

$$\ln K_{SP} = \ln \alpha_{Ag} + \ln \alpha_{a^-} - \frac{EF}{RT} \qquad (11-7)$$

已知，测得电池动势 E，即可求 K_{SP}。

2. 求电池反应的 $\Delta_r G_m$、$\Delta_r S_m$、$\Delta_r H_m$、$\Delta_r G_m$

分别测定"1"中电池在各个温度下的电动势，作 $E-T$ 图，从曲线斜率可求得任一温度下的 $\left(\frac{\partial E}{\partial T}\right)_F$，利用公式(11-1)，(11-2)，(11-3)，(11-5)，即可求得该电池反应的 $\Delta_r G_m$、$\Delta_r S_m$、$\Delta_r H_m \Delta_r G_m$

3. 求银电极的标准电极电势

对银电极可设计电池如下：

$Hg(l) - Hg_2Cl_2(s) | KCl(饱和) \parallel AgNO_3(0.1000\ mol \cdot kg^{-1}) | Ag(s)$

银电极的反应为：$\qquad$ $Ag^+ + e \rightarrow Ag$

甘汞电极的反应为：$\qquad$ $2Hg + 2Cl^- \rightarrow Hg_2Cl_2 + 2e$

电池电动势：

$$E = \varphi_+ - \varphi_- = \varphi^{\ominus}_{Ag^+, Ag} + \frac{RT}{F}\ln\alpha_{Ag^-} - \varphi(饱和甘汞)$$

所以

$$\varphi^{\ominus}_{a^{2+}, a} = E - \frac{RT}{2F}\ln\alpha_{a^{2+}} + \varphi(饱和甘汞) \qquad (11-8)$$

四、仪器药品

1. 仪器

电位差计 1 台,标准电池 1 只,银电极 2 只,饱和甘汞电极 2 只,盐桥数只。

2. 药品

HCl(0.1000 mol·kg^{-1})、AgNO$_3$(0.1000 mol·kg^{-1})、镀银溶液、HCl(1 mol·dm^{-3})、KCl 饱和溶液、琼脂(C.P.)。

五、实验步骤

1. 电极的制备

(1)银电极的制备

将欲镀之银电极两只用细砂纸轻轻打磨至露出新鲜的金属光泽,再用蒸馏水洗净。将欲用的两只 Pt 电极浸入稀硝酸溶液片刻,取出用蒸馏水洗净。将洗净的电极分别插入盛有镀银液(镀液组成为 100 mL 水中加 1.5 g 硝酸银和 1.5 g 氰化钠)的小瓶中,按图 11-1 接好线路,并将两个小瓶串联,控制电流为 0.3 mA,镀 1 h,得白色紧密的镀银电极两只。

(2)Ag-AgCl 电极制备

将上面制成的一支银电极用蒸馏水洗净,作为正极,以 Pt 电极作负极,在约 1 mol·dm^{-3} 的 HCl 溶液中电镀,线路见图 11-1。控制电流为 2 mA 左右,镀 30 min,可得呈紫褐色的 Ag-AgCl 电极,该电极不用时应保存在 KCl 溶液中,贮藏于暗处。

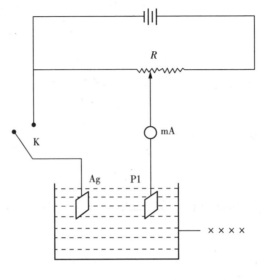

图 11-1 镀银线路图

2. 盐桥制备

称取琼脂 1 g 放入 50 mL 饱和 KNO_3 溶液中,浸泡片刻,再缓慢加热至沸腾。待琼脂全部溶解后稍冷,将洗净之盐桥管插入琼脂溶液中,从管的上口将溶液吸满(管中不能有气泡),保持此充满状态冷却到室温,即凝固成冻胶固定在管内,取出擦净备用。

3. 电动势的测定

(1)按有关电位差计附录,接好测量电路。

(2)据有关标准电池的附录中提供的公式,计算室温下的标准电池的电动势。

(3)分别测定下列三个原电池的电动势。

① $Hg(l)-Hg_2Cl_2(s)$|饱和 KCl 溶液‖$AgNO_3(0.1000\ mol \cdot kg^{-1})$|Ag(S)

② $Hg(l)-Hg_2Cl_2(s)$|饱和 KCl 溶液‖$CuSO_4(0.1000\ mol \cdot kg^{-1})$|Cu(s)

③ Ag(s)|KCl(0.1 m)与饱和 AgCl 液‖$AgNO_3(0.01\ m)$|Ag(s)

原电池的构成如图 11-2 所示:

测量时应在夹套中通入 25 ℃恒温水。为了保证所测电池电动势正确,必须严格遵守电位差计的正确使用方法。当数值稳定在±0.1 mV之内时即可认为电池已达到平衡。对第6个电池还应测定不同温度下的电动势,此时可调节恒温槽温度在 15 ℃～

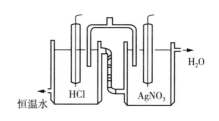

图 11-2　测量电池示意图

50 ℃之间,每隔 5 ℃～10 ℃测定一次电动势。方法同上,每改变一次温度,须待热平衡后才能测定。

六、注意事项

制备电极时,防止将正负极接错,并严格控制电镀电流。

七、数据处理

(1)计算时遇到电极电位公式(式中 t 为℃)如下:

$$\varphi(饱和甘汞)=0.24240-7.6\times10^{-4}(t-25)$$

$$\varphi^{\circ}AgCl=0.2224-6.45\times10^{-4}(t-25)$$

(2)计算时有关电解质的离子平均活度系数 $\gamma_{\pm}$(25 ℃)如下:

0.1000 mol・kg^{-1}AgNO$_3$	$\gamma Ag^+=\gamma_{\pm}=0.734$
0.1000 mol・kg^{-1}CuSO$_4$	$\gamma Cu^{2+}=\gamma_{\pm}=0.16$
0.0100 mol・kg^{-1}CuSO$_4$	$\gamma Cu^{2+}=\gamma_{\pm}=0.40$
0.1000 mol・kg^{-1}ZnSO$_4$	$\gamma Zn^{2+}=\gamma_{\pm}=0.15$

t(℃)时 0.1000 mol・kg^{-1}HCl 的 $\gamma_{\pm}$ 可按下式计算:

$$-\lg\gamma_{\pm}=-\lg0.8027+1.620\times10^{-4}t+3.13\times10^{-7}t^2$$

(3)由测得的六个原电池的电动势进行以下计算:

① 由原电池①获得其电动势值。

② 由原电池②银电极的标准电极电势。

③ 由原电池③计算 AgCl 的 K_{SP}。

(4)将计算结果与文献值比较。

【思考问题】

(1)电位差计、标准电池各有什么作用？如何保护及正确使用？

(2)参比电极应具备什么条件？它有什么功用？

(3)若电池的极性接反了有什么后果？

(4)盐桥有什么作用？选用作盐桥的物质应有什么原则？

实验十二　溶胶的制备及电泳

一、实验目的

(1)学会制备和纯化 $Fe(OH)_3$ 溶胶。

(2)掌握电泳法测定 $Fe(OH)_3$ 溶胶电动电势的原理和方法。

二、实验原理

溶胶的制备方法可分为分散法和凝聚法。分散法是用适当方法把较大的物质颗粒变为胶体大小的质点；凝聚法是先制成难溶物的分子(或离子)的过饱和溶液，再使之相互结合成胶体粒子而得到溶胶。$Fe(OH)_3$ 溶胶的制备就是采用的化学法即通过化学反应使生成物呈过饱和状态，然后粒子再结合成溶胶。

制成的胶体体系中常有其他杂质存在，而影响其稳定性，因此必须纯化。常用的纯化方法是半透膜渗析法。

在胶体分散体系中，由于胶体本身的电离或胶粒对某些离子的选择性吸附，使胶粒的表面带有一定的电荷。在外电场作用下，胶粒向异性电极定向泳动，这种胶粒向正极或负极移动的现象称为电泳。荷电的胶粒与分散介质间的电势差称为电动电势，用符号 ξ 表示，电动电势的大小直接影响胶粒在电场中的移动速度。原则上，任何一种胶体的电动现象都可以用来测定电动电势，其中最方便的是用电泳现象中的宏观法来测定，也就是通过观察溶胶与另一种不含胶粒的导电液体的界面在电场中移动速度来测定电动电势。电动电势 ζ 与胶粒的性质、介质成分及胶体的浓度有关。在指定条件下，ζ 的数值可根据亥姆霍兹方程式计算。

即

$$\zeta = \frac{K\pi\eta u}{DH}（静电单位）$$

或

$$\zeta = \frac{K\pi\eta u}{DH} \times 300（V）\qquad\qquad (12-1)$$

式中，K 为与胶粒形状有关的常数（对于球形胶粒 $K=6$，棒形胶粒 $K=4$，在实验中均按棒形粒子看待）；η 为介质的黏度（泊），D 为介质的介电常数，u 为电泳速度（$cm \cdot s^{-1}$）；H 为电位梯度，即单位长度上的电位差。

$$H = \frac{E}{300L}（静电单位 \cdot cm^{-1}）\qquad\qquad (12-2)$$

（2）式中，E 为外电场在两极间的电位差（V），L 为两极间的距离（cm），300 为将伏特表示的电位改成静电单位的转换系数。把（2）式代入（1）式得：

$$\zeta = \frac{4\pi \cdot \eta \cdot L \cdot u \cdot 300^2}{D \cdot E}（V）\qquad\qquad (12-3)$$

由（3）式知，对于一定溶胶而言，若固定 E 和 L 测得胶粒的电泳速度（$u = dt$，d 为胶粒移动的距离，t 为通电时间），就可以求算出 ζ 电位。

三、仪器药品

1. 仪器

直流稳压电源 1 台，万用电炉 1 台，电泳管 1 只，电导率仪 1 台，直流电压表 1 台，秒表 1 块，铂电极 2 只，锥形瓶（250 mL）1 只，烧杯（800、250、100 mL）各 1 个，超级恒温槽 1 台，容量瓶（100 mL）1 只。

2. 药品

火棉胶、$FeCl_3$（10%）溶液、KCNS（1%）溶液、$AgNO_3$（1%）溶液、稀 HCl 溶液。

四、实验步骤

1. Fe(OH)$_3$溶胶的制备及纯化

(1)半透膜的制备

在一个内壁洁净、干燥的 250 mL 锥形瓶中,加入约 10 mL 火棉胶液,小心转动锥形瓶,使火棉胶液黏附在锥形瓶内壁上形成均匀薄层,倾出多余的火棉胶于回收瓶中。此时锥形瓶仍需倒置,并不断旋转,待剩余的火棉胶流尽,使瓶中的乙醚蒸发至已闻不出气味为止(此时用手轻触火棉胶膜,已不粘手)。然后再往瓶中注满水,若乙醚未蒸发完全,加水过早,则半透膜发白)浸泡 10 min。倒出瓶中的水,小心用手分开膜与瓶壁之间隙。慢慢注水于夹层中,使膜脱离瓶壁,轻轻取出。在膜袋中注入水,观察有否漏洞,若有小漏洞,可将此洞周围擦干,用玻璃棒蘸沾火棉胶补之。制好的半透膜不用时,要浸放在蒸馏水中。

(2)用水解法制备 Fe(OH)$_3$溶胶

在 250 mL 烧杯中,加入 100 mL 蒸馏水,加热至沸腾,慢慢滴入 5 mL (10%)FeCl$_3$溶液,并不断搅拌。加后继续保持沸腾 5 min,即可得到红棕色的 Fe(OH)$_3$溶胶,其结构式可表示为 $\{m[\text{Fe(OH)}_3]n\text{FeO}^+(n-x)\text{Cl}^-\}^{x+}$ $x\text{Cl}^-$。在胶体体系中存在过量的 H^+、Cl^- 等离子需要除去。

(3)用热渗析法纯化 Fe(OH)$_3$溶胶

将制得的 40 mLFe(OH)$_3$溶胶,注入半透膜内用线拴住袋口,置于 800 mL的清洁烧杯中,杯中加蒸馏水约 300 mL,维持温度在 60℃左右,进行渗析。每 30 min 换一次蒸馏水,2 h 后取出 1 mL 渗析水,分别用 1% AgNO$_3$ 及 1%KCNS 溶液检查是否存在 Cl^- 及 Fe^{3+}。如果仍存在,应继续换水渗析,直到检查不出为止,将纯化过的 Fe(OH)$_3$溶胶移入一清洁干燥的 100 mL 小烧杯中待用。

2. 配制 HCl 溶液

调节恒温槽温度为(25.0±0.1)℃,用电导率仪测定 Fe(OH)$_3$溶胶在

25 ℃时的电导率,然后配制与之相同电导率的 HCl 溶液。方法是根据附录二所给出的 25 ℃时 HCl 电导率-浓度关系,用内插法求算与该电导率对应的 HCl 浓度,并在 100 mL 容量瓶中配制该浓度的 HCl 溶液。

3. 装置仪器和连接线路

用蒸馏水洗净电泳管后,再用少量溶胶洗一次,将渗析好的 $Fe(OH)_3$ 溶胶倒入电泳管中,使液面超过活塞(2)、(3)。关闭这两个活塞,把电泳管倒置,将多余的溶胶倒净,并用蒸馏水洗净活塞(2)、(3)以上的管壁。打开活塞(1),用自己配制的 HCl 溶液冲洗一次后,再加入该溶液,并超过活塞(1)少许。插入铂电极按装置图 12-1 连接好线路。

同时打开活塞(2)和(3),关闭活塞(1),打开电键7,经教师检查后,接通直流稳压电源6,调节电压为 100 V。接通电键7,迅速调节电压为 100 V,并同时计时和准确记下溶胶在电泳管中液面位置,约 1 h 后断开电源,记下准确的通电时间 t 和溶胶面上升的距离 d,从伏特计上读取电压 E,并且量取两极之间的距离 L。

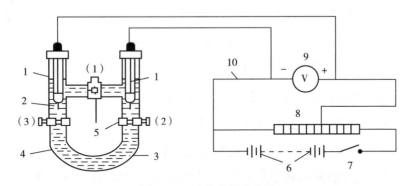

图 12-1 电泳仪器装置图

1—Pt 电极;2—HCl 溶液;3—$Fe(OH)_3$溶胶;4—电泳管;

5—活塞;6—直流电源;7—电键;8—滑线电阻;9—直流电压表;10—电源线路

4. 测定溶胶电泳速度

实验结束后,拆除线路。用自来水洗电泳管多次,最后用蒸馏水洗一次。

五、注意事项

(1)利用公式(12-3)求算 ζ 时,各物理量的单位都需用 CGS 制,有关数值从附录中有关表中查得。如果改用 SI 制,相应的数值也应改换。对于水的介电常数,应考虑温度校正,由以下公式求得:

$$\ln D_t = 4.474226 - 4.54426 \times 10^{-3}t$$

式中,t 为温度℃。

(2)在制备半透膜时,一定要使整个锥形瓶的内壁上均匀地附着一层火棉胶液,在取出半透膜时,一定要借助水的浮力将膜托出。

(3)制备 $Fe(OH)_3$ 溶胶时,$FeCl_3$ 一定要逐滴加入,并不断搅拌。

(4)纯化 $Fe(OH)_3$ 溶胶时,换水后要渗析一段时间再检查 Fe^{3+} 及 Cl^- 的存在。

(5)量取两电极的距离时,要沿电泳管的中心线量取。

六、数据处理

1. 将实验数据记录

电泳时间 s,电压 V,两电极间距离 cm,溶胶液面移动距离 cm。

2. 将数据代入公式(12-3)中计算 ζ 电势

傅鹰先生是我国胶体科学的主要奠基人,童年时代的傅鹰感受了国家频遭列强欺辱,胸怀家国的他遂萌发了富民强国的愿望。1922 年赴美留学,6 年以后获得博士学位。优秀的傅鹰受到一家美国化学公司青睐,以丰厚的薪水聘请他去工作,但他谢绝后毅然地回到祖国。他认为国家培养了我,学成之后应为祖国效力,不然对不起祖国。回国以后,他献身科学和教育事业长达半个多世纪,对发展表面化学基础理论和培养化学人才做出了巨大贡献。作为我国胶体科学的奠基人,傅鹰下定"不怕沾污双手和搅痛脑筋"的决心,填补了中国胶体科学这个空白点。

实验十三　溶液表面张力的测定

一、实验目的

(1)测定不同浓度正丁醇溶液的表面张力,计算吸附量。

(2)了解气液界面的吸附作用,计算表面层被吸附分子的截面积及吸附层的厚度。

(3)掌握最大气泡法(或扭力天平)测定溶液表面张力的原理和技术。

二、实验原理

从热力学观点来看,液体表面缩小是一个自发过程,这是使体系总自由能减小的过程,欲使液体产生新的表面 ΔA,就需对其做功,其大小应与 ΔA 成正比:

$$-W = \sigma \cdot \Delta A \qquad (13-1)$$

如果 ΔA 为 $1\ m^2$,则 $-W' = \sigma$ 是在恒温恒压下形成 $1\ m^2$ 新表面所需的可逆功,所以 σ 称为比表面吉布斯自由能,其单位为 $J \cdot m^{-2}$。也可将 σ 看作为作用在界面上每单位长度边缘上的力,称为表面张力,其单位是 $N \cdot m^{-1}$。在定温下纯液体的表面张力为定值,当加入溶质形成溶液时,表面张力发生变化,其变化的大小决定于溶质的性质和加入量的多少。根据能量最低原理,溶质能降低溶剂的表面张力时,表面层中溶质的浓度比溶液内部大;反之,溶质使溶剂的表面张力升高时,它在表面层中的浓度比在内部的浓度低,这种表面浓度与内部浓度不同的现象叫做溶液的表面吸附。在指定的温度和压力下,溶质的吸附量与溶液的表面张力及溶液的浓度之间的关系遵守吉布斯(Gibbs)吸附方程:

$$\Gamma = -\frac{C}{RT}\left(\frac{\mathrm{d}\sigma}{\mathrm{d}C}\right)_T \tag{13-2}$$

式中,Γ 为溶质在表层的吸附量;σ 为表面张力;C 为吸附达到平衡时溶质在介质中的浓度。

当 $\left(\dfrac{\mathrm{d}\sigma}{\mathrm{d}C}\right)_T < 0$ 时,$\Gamma > 0$ 称为正吸附;当 $\left(\dfrac{\mathrm{d}\sigma}{\mathrm{d}C}\right)_T > 0$ 时,$\Gamma < 0$ 称为负吸附。吉布斯吸附等温式应用范围很广,但上述形式仅适用于稀溶液。

引起溶剂表面张力显著降低的物质叫表面活性物质,被吸附的表面活性物质分子在界面层中的排列,决定于它在液层中的浓度,这可由图 13 - 1 看出。

图 13 - 1 中(a)和(b)是不饱和层中分子的排列,(c)是饱和层分子的排列。

当界面上被吸附分子的浓度增大时,它的排列方式在改变着。当浓度足够大时,被吸附分子盖住了所有界面的位置,形成饱和吸附层,分子排列方式如图 13 - 1(c)所示。这样的吸附层是单分子层,随着表面活性物质的分子在界面上愈益紧密排列,则此界面的表面张力也就逐渐减小。如果在恒温下绘成曲线 $\sigma = f(C)$(表面张力等温线),当 C 增加时,σ 在开始时显著下降,而后下降逐渐缓慢下来,以至 σ 的变化很小,这时 σ 的数值恒定为某一常数(图 13 - 2)。利用图解法进行计算十分方便,如图 13 - 2 所示,经过切点 a 作平行于横坐标的直线,交纵坐标于 b' 点。以 Z 表示切线和平行线在纵坐标上截距间的距离,显然 Z 的长度等于 $C \cdot \left(\dfrac{\mathrm{d}\sigma}{\mathrm{d}C}\right)_T$,

$$\left(\frac{\mathrm{d}\sigma}{\mathrm{d}C}\right)_T = -\frac{Z}{C}$$

$$Z = -\left(\frac{\mathrm{d}\sigma}{\mathrm{d}C}\right)_T \cdot C$$

$$\Gamma = -\frac{C}{RT}\left(\frac{d\sigma}{dC}\right)_T = \frac{Z}{RT} \tag{13-3}$$

以不同的浓度对其相应的 Γ 可作出曲线,$\Gamma = f(C)$ 称为吸附等温线。

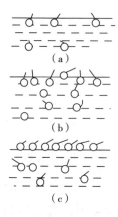

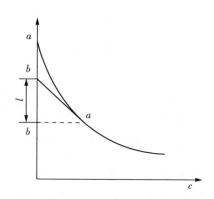

图 13-1 被吸附的分子在界面上的排列　图 13-2　表面张力和浓度关系图

根据朗格谬尔(Langmuir)公式:

$$\Gamma = \Gamma_\infty \frac{kC}{1+kC} \tag{13-4}$$

Γ_∞ 为饱和吸附量,即表面被吸附物铺满一层分子时的 Γ,

$$\frac{C}{\Gamma} = \frac{kC+1}{k\Gamma_\infty} = \frac{C}{\Gamma_\infty} + \frac{1}{k\Gamma_\infty} \tag{13-5}$$

以 C/Γ 对 C 作图,得一直线,该直线的斜率为 $1/\Gamma_\infty$。

由所求得的 Γ_∞ 代入 $A = 1/\Gamma_\infty L$ 可求被吸附分子的截面积(L 为阿弗加得罗常数)。

若已知溶质的密度 ρ,分子量 M,就可计算出吸附层厚度 δ

$$\delta = \frac{\Gamma_\infty \cdot M}{\rho} \tag{13-6}$$

测定溶液的表面张力有多种方法,较为常用的有最大气泡法和扭力天平法,下面分别叙述它们的测量方法。

Ⅰ. 最大气泡法

一、结构原理

最大气泡法的仪器装置如图 13-3 所示：

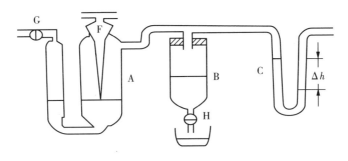

图 13-3　最大气泡法装置示意图

A 为表面张力仪，其中间玻璃管 F 下端一段直径为 0.2 mm～0.5 mm 的毛细管，B 为充满水的抽气瓶，C 为 U 型压力计，内盛比重较小的水或酒精、甲苯等，作为工作介质，以测定微压差。

将待测表面张力的液体装于表面张力仪中，使 F 管的端面与液面相切，液面即沿毛细管上升。打开抽气瓶的活塞缓缓抽气，毛细管内液面上受到一个比 A 瓶中液面上大的压力。当此压力差-附加压力（$\Delta p = p_{大气} - p_{系统}$）在毛细管端面上产生的作用力稍大于毛细管口液体的表面张力时，气泡就从毛细管口脱出，此附加压力与表面张力成正比，与气泡的曲率半径成反比，其关系式为：

$$\Delta p = \frac{2\sigma}{R} \qquad\qquad (13-7)$$

式中，Δp 为附加压力，σ 为表面张力，R 为气泡的曲率半径。

如果毛细管半径很小，则形成的气泡基本上是球形的。当气泡开始形成时,表面几乎是平的,这时曲率半径最大;随着气泡的形成,曲率半径逐渐变小,直到形成半球形。这时曲率半径 R 和毛细管半径 r 相等,曲率半径达最小值,根据上式这时附加压力达最大值。气泡进一步长大,R 变大,附加压力则变小,直到气泡逸出。

根据上式,$R=r$ 时的最大附加压力为:

$$\Delta p_{最大}=\frac{2\sigma}{r}\text{或}\sigma=\frac{r}{2}\Delta p_{最大} \tag{13-8}$$

实际测量时,使毛细管端刚与液面接触,则可忽略气泡鼓泡所需克服的静压力,这样就可直接用上式进行计算。

当用密度为 ρ 的液体作压力计介质时,测得与 $\Delta p_{最大}$ 相适应的最大压力差为 Δh 最大值:

$$\sigma=\frac{r}{2}\rho g\Delta h_{最大} \tag{13-9}$$

当将 $\frac{r}{2}\rho g$ 合并为常数 K 时,则上式变为:

$$\sigma=K\cdot\Delta h_{最大} \tag{13-10}$$

式中,仪器常数 K 可用已知表面张力的标准物质测得。

二、仪器药品

1. 仪器

最大泡压法表面张力仪 1 套,恒温装置 1 套,移液管(50 mL 和 1 mL)各 1 只,烧杯(500 mL)1 只。

2. 药品

正丁醇(化学纯)、蒸馏水。

三、实验步骤

(1)仪器洗净烘干,将其组装、连接。

(2)分别配制 50 mL 浓度为 0.02 mol · L^{-1}、0.05 mol · L^{-1}、

$0.10\ mol \cdot L^{-1}$、$0.15\ mol \cdot L^{-1}$、$0.20\ mol \cdot L^{-1}$、$0.25\ mol \cdot L^{-1}$、$0.30\ mol \cdot L^{-1}$、$0.35\ mol \cdot L^{-1}$ 的正丁醇溶液。

(3)恒温装置调节至 25℃，保持恒温。

(4)仪器常数的测定。先以蒸馏水作为标准样品进行仪器常数的测定。首先将干净干燥的毛细管垂直安装，使毛细管的尖端刚好和液面相切，打开开关，控制速度为 2，使毛细管口处气泡逸出速度为 $5\sim10\ s$ 一个，记录最大气泡时对应的压差读数 $\Delta p_{max, H_2O}$。查出实验温度下水的表面张力，通过公式 $K = \sigma_{H_2O}/\Delta p_{max, H_2O}$，求出仪器常数 K。

(5)分别测试待测溶液的表面张力。洗净毛细管并吸干，加入适量待测样品，按照仪器常数测试方法进行测试。测试时按照浓度由小到大依次进行，测定已知浓度待测溶液的压力差 Δp_{max}，代入公式计算表面张力。

四、注意事项

(1)仪器系统不能漏气。

(2)所用毛细管必须干净、干燥，应保持垂直，其管口刚好与液面相切。

(3)读取压力计的压差时，应取气泡单个逸出时的最大压力差。

五、数据处理

(1)计算仪器常数 K 和溶液表面张力 σ，绘制 σ-C 等温线。

(2)作切线求 Z，并求出 Γ，C/Γ。

(3)绘制 Γ—C，C/Γ—C 等温线，求 Γ_∞ 并计算 A 和 δ。

【思考问题】

(1)毛细管尖端为何必须调节得恰与液面相切？否则对实验有何影响？

(2)最大气泡法测定表面张力时为什么要读最大压力差？如果气泡逸出得很快，或几个气泡一齐出，对实验结果有无影响？

美国物理化学家吉布斯虽自幼体弱多病，但一直勤奋学习，成为美国第一个工程学博士。他的《关于多相物质平衡》的两册专著成为现代"物理化学"学科的基石。虽然有些成果刚开始并不被认可,但他从未放弃,一直坚持科学研究,以他命名的专业术语从不同角度折射出他的学术成就和科学贡献,如吉布斯相律、吉布斯现象、吉布斯等温面、吉布斯·汤姆森效应等。吉布斯在任教期间得到学生的高度评价,在课余时间喜欢带学生去爬山,他认为登山者与物理学家有许多很相似的特质:他们都耐得住孤独的旅程,总是向最高峰挑战,仔细地规划行进路径,并在艰难的攀登中自得其乐。

实验十四　磁化率的测定

一、实验目的

(1)掌握古埃(Gouy)法测定磁化率的原理和方法。

(2)通过测定一些络合物的磁化率,求算未成对电子数和判断这些分子的配键类型。

二、实验原理

1. 磁化率

在外磁场作用下,物质会被磁化产生一附加磁场。物质的磁感应强度等于

$$\vec{B} = \vec{B_0} + \vec{B}' = \mu_0 \vec{H} + \vec{B}' \qquad (14-1)$$

式中,B_0 为外磁场的磁感应强度;B' 为附加磁感应强度;H 为外磁场强度;μ_0 为真空磁导率,其数值等于 $4\pi \times 10^{-7} \text{N/A}^2$。

物质的磁化可用磁化强度 $\boldsymbol{M}$ 来描述,$\boldsymbol{M}$ 也是矢量,它与磁场强度成正比。

$$M = \chi H \qquad (14-2)$$

式中,Z 为物质的体积磁化率。在化学上常用质量磁化率 χ_M 或摩尔磁化率 χ_M 来表示物质的磁性质。

$$\chi_M = \frac{\chi}{\rho} \tag{14-3}$$

$$\chi_M = M \cdot \chi_M = \frac{\chi_M}{\rho} \tag{14-4}$$

式中,ρ、M 分别是物质的密度和摩尔质量。

2. 分子磁矩与磁化率

物质的磁性与组成物质的原子、离子或分子的微观结构有关,当原子、离子或分子的两个自旋状态电子数不相等,即有未成对电子时,物质就具有永久磁矩。由于热运动,永久磁矩的指向各个方向的机会相同,所以该磁矩的统计值等于零。在外磁场作用下,具有永久磁矩的原子、离子或分子除了其永久磁矩会顺着外磁场的方向排列。(其磁化方向与外磁场相同,磁化强度与外磁场强度成正比),表观为顺磁性外,还由于它内部的电子轨道运动有感应的磁矩,其方向与外磁场相反,表观为逆磁性。此类物质的摩尔磁化率 χ_M 是摩尔顺磁化率 $\chi_{顺}$ 和摩尔逆磁化率 $\chi_{逆}$ 的和。

$$\chi_M = \chi_{顺} + \chi_{逆}$$

对于顺磁性物质,$\chi_{顺} \gg |\chi_{逆}|$,可作近似处理,$\chi_M = \chi_{顺}$。对于逆磁性物质,则只有 $\chi_{逆}$,所以它的 $\chi_M = \chi_{逆}$。

第三种情况是物质被磁化的强度与外磁场强度不存在正比关系,而是随着外磁场强度的增加而剧烈增加。当外磁场消失后,它们的附加磁场并不立即消失,这种物质称为铁磁性物质。

磁化率是物质的宏观性质,分子磁矩是物质的微观性质,用统计力学的方法可以得到摩尔顺磁磁化率 $\chi_{顺}$ 和分子永久磁矩 μ_m 间的关系

$$\chi_{顺} = \frac{N_0 \mu_M^2 \mu_0}{3KT} = \frac{C}{T} \tag{14-6}$$

式中,N_0 为阿佛加德罗常数,K 为波尔兹曼常数,T 为绝对温度。

物质的摩尔顺磁磁化率与热力学温度成反比这一关素,称为居里定律,是居里首先在实验中发现,C 为居里常数。

物质的永久磁矩与它所含有的未成对电子数 n 的关系为

$$\mu_m = \mu_B \sqrt{n(n+2)} \tag{14-7}$$

式中,μ_B 为玻尔磁子,其物理意义是单个自由电子自旋所产生的磁矩。

$$\mu_B = \frac{eh}{4\pi m_e} = 9.274 \times 10^{-24} \text{ J/T} \tag{14-8}$$

式中,h 为普朗克常数,m_e 为电子质量。因此,只要实验测得 χ_M,即可求出 μ_m,算出未成对电子数。这对于研究某些原子或离子的电子组态,以及判断络合物分子的配键类型是很有意义的。

3. 磁化率的测定

古埃法测定磁化率装置是将装有样品的圆柱形玻管如图 14-1 所示方式悬挂在两磁极中间,使样品底部处于两磁极的中心。亦即磁场强度最强区域,样品的顶部则位于磁场强度最弱,甚至为零的区域。这样,样品就处于一不均匀的磁场中,设样品的截面积为 A,样品管的长度方向为 dS 的体积,AdS 在非均匀磁场中所受到的作用力 dF 为

$$dF = \chi \mu_0 H A dS \frac{dH}{dS} \tag{14-9}$$

式中,$\dfrac{dH}{dS}$ 为磁场强度梯度,对于顺磁性物质的作用力,指向场强度最大的方向,反磁性物质则指向场强度弱的方向,当不考虑样品周围介质(如空气,其磁化率很小)和 H_0 的影响时,整个样品所受的力为

$$F = \int_{H=H}^{H_0=0} \chi \mu_0 A H dS \frac{dH}{dS} = \frac{1}{2} \chi \mu_0 A H^2 A \tag{14-10}$$

当样品受到磁场作用力时,天平的另一臂加减砝码使之平衡,设 Δm 为施加磁场前后的质量差,则

$$F = \frac{1}{2} \chi \mu_0 A H^2 A = g \Delta m = g(\Delta m_{空管+样品} - \Delta m_{空管}) \tag{14-11}$$

由于 $\chi_M = \dfrac{\chi M}{\rho}$,$\rho = \dfrac{m}{hA}$ 代入(14-10)式整理得

$$\chi_M = \frac{2(\Delta m_{空管+样品} - \Delta m_{空管})hgM}{\mu_0 m H^2} \tag{14-12}$$

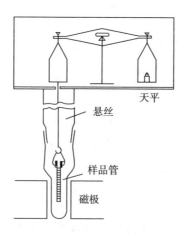

图 14-1　古埃磁天平示意图

式中,h 为样品高度;m 为样品质量;M 为样品摩尔质量;ρ 为样品密度;μ_0 为真空磁导率;$\mu_0 = 4\pi \times 10^{-7} \text{N/A}^2$。

磁场强度 H 可用"特斯拉计"测量,或用已知磁化率的标准物质进行间接测量。例如用莫尔盐$[(NH_4)_2SO_4 \cdot FeSO_4 \cdot 6H_2O]$,已知莫尔盐的 χ_m 与热力学温度 T 的关系式为

$$\chi_m = \frac{9500}{T+1} \times 4\pi \times 10^{-9} \cdot \text{m}^3/\text{kg} \tag{14-13}$$

三、仪器与药品

古埃磁天平(包括电磁铁,电光天平,励磁电源)1 套,特斯拉计 1 台,软质玻璃样品管 4 只,样品管架 1 个,直尺 1 只,角匙 4 只,广口试剂瓶 4 只,小漏斗 4 只。

莫尔氏盐$(NH_4)_2SO_4 \cdot FeSO_4 \cdot 6H_2O$(分析纯)、$FeSO_4 \cdot 7H_2O$(分析纯)、$K_3Fe(CN)_6$(分析纯)、$K_4Fe(CN)_6 \cdot 3H_2O$(分析纯)。

四、实验步骤

(1)将特斯拉计的探头放入磁铁的中心架中,套上保护套,调节特斯拉计的数字显示为"0"。

（2）除下保护套，把探头平面垂直置于磁场两极中心，打开电源，调节"调压旋钮"，使电流增大至特斯拉计上显示约"0.3T"。调节探头上下、左右位置，观察数字显示值，把探头位置调节至显示值为最大的位置，此乃探头最佳位置。用探头沿此位置的垂直线，测定离磁铁中心的高处 H_0，这也就是样品管内应装样品的高度。关闭电源前，应调节调压旋钮使特斯拉计数字显示为零。

（3）用莫尔氏盐标定磁场强度。取一支清洁的干燥的空样品管悬挂在磁天平的挂钩上，使样品管正好与磁极中心线齐平，（样品管不可与磁极接触，并与探头有合适的距离。）准确称取空样品管质量（$H=0$）时，得 m_1（H_0）；调节旋钮，使特斯拉计数显为"0.300T"（H_1），迅速称量，得 m_1（H_1），逐渐增大电流，使特斯拉计数显为"0.350T"（H_2），称量得 m_1（H_2），然后略微增大电流，接着退至（0.350T）H_2，称量得 m_2（H_2），将电流降至数显为"0.300T"（H_1）时，再称量得 m_2（H_1），再缓慢降至数显为"0.000T"（H_0），又称取空管质量得 m_2（H_0）。这样调节电流由小到大，再由大到小的测定方法是为了抵消实验时磁场剩磁现象的影响。

$$\Delta m_{空管}(H_1) = \frac{1}{2}[\Delta m_1(H_1) + \Delta m_2(H_1)] \qquad (14-14)$$

$$\Delta m_{空管}(H_2) = \frac{1}{2}[\Delta m_1(H_2) + \Delta m_2(H_2)] \qquad (14-15)$$

式中，$\Delta m_1(H_1) = m_1(H_1) - m_1(H_0)$；

$\Delta m_2(H_1) = m_2(H_1) - m_2(H_0)$；

$\Delta m_1(H_2) = m_1(H_2) - m_1(H_0)$；

$\Delta m_2(H_2) = m_2(H_2) - m_2(H_0)$。

（4）取下样品管用小漏斗装入事先研细并干燥过的莫尔氏盐，并不断让样品管底部在软垫上轻轻碰击，使样品均匀填实，直至所要求的高度，（用尺准确测量）。按前述方法将装有莫尔盐的样品管置于磁天平上称量，重复称空管时的路程，得

$m_{1空管+样品}$（H_0），$m_{1空管+样品}$（H_1），$m_{1空管+样品}$（H_2），$m_{2空管+样品}$（H_2），

$m_{2空管+样品}(H_1)$，$m_{2空管+样品}(H_0)$，求出 $\Delta m_{空管+样品}(H_1)$ 和 $\Delta m_{空管+样品}(H_2)$。

（5）同一样品管中，同法分别测定 $FeSO_4 \cdot 7H_2O$，$K_3Fe(CN)_6$ 和 $K_4[Fe(CN)_6] \cdot 3H_2O$ 的 $\Delta m_{空管+样品}(H_1)$ 和 $\Delta m_{空管+样品}(H_2)$。

测定后的样品均要倒回试剂瓶，可重复使用。

五、实验注意事项

（1）所测样品应事先研细，放在装有浓硫酸的干燥器中干燥。

（2）空样品管需干燥洁净，装样时应使样品均匀填实。

（3）称量时，样品管应正好处于两磁极之间，其底部与磁极中心线齐平。悬挂样品管的悬线勿与任何物件相接触。

（4）样品倒回试剂瓶时，注意瓶上所贴标志，切忌倒错瓶子。

六、数据记录与处理

（1）将所测数据列表

样品名称	$W_{空管}/g$	$W_{空管}/g$	$\Delta W_{空管}/g$	$W_{空管+样品}/g$	$W_{空管+样品}/g$	$\Delta W_{空管+样品}/g$	$W_{样品}/g$
样品高度（cm）	$(H=0)$	$(H=H)$		$(H=0)$	$(H=H)$		

（2）由莫尔盐的单位质量磁化率和实验数据计算磁场强度值。

（3）计算 $FeSO_4 \cdot 7H_2O$、$K_3Fe(CN)_6$ 和 $K_4Fe(CN)_6 \cdot 3H_2O$ 的 χ_m，μ_m 和未成对电子数。

(4)根据未成对电子数讨论 $FeSO_4 \cdot 7H_2O$ 和 $K_4Fe(CN)_6 \cdot 3H_2O$ 中 Fe^{2+} 的最外层电子结构以及由此构成的配键类型。

七、思考题

(1)不同励磁电流下测得的样品摩尔磁化率是否相同？

(2)用古埃磁天平测定磁化率的精密度与哪些因素有关？

实验十五　偶极矩的测定

一、实验目的

(1)用溶液法测定乙酸乙酯的偶极矩的原理。

(2)了解偶极矩与分子电性质的关系。

(3)掌握溶液法测定偶极矩的主要实验技术。

二、基本原理

1. 偶极矩与极化度

一个分子可以近似地看作由电子云和分子骨架(原子核及内层电子)所构成。由于其空间构型的不同,其正负电荷中心可以是重合的,也可以不重合。前者称为非极性分子,后者称为极性分子。

1912 年德拜提出"偶极矩"μ 的概念来度量分子极性的大小,如图 15-1 所示,其定义如下:

$$\vec{\mu}=q \cdot d \qquad\qquad (15-1)$$

式中,q 是正负电荷中心所带的电量;d 为正负电荷中心之间的距离;$\vec{\mu}$ 是一个向量,其方向规定为从负到正。因分子中原子间的距离的数量级为 10^{-10} m,电荷的数量级为 10^{-20} C,所以偶极矩的数量级是 10^{-30} C・m。

通过偶极矩的测定,可以了解分子结构中有关电子云的分布和分子的对称性,可以用来鉴别几何异构体和分子的立体结构等。

极性分子具有永久偶极矩,但由于分子的热运动,偶极矩指向某个方向的机会均等,所以偶极矩的统计值等于零。若将极性分子置于均匀的电场 E 中,则偶极矩在电场的作用下,如图 15-2 所示趋向电场方向排列。这时我们称这些分子被极化了,极化的程度可用摩尔转向极化度 $P_{转向}$ 来衡量。

$P_{转向}$ 与永久偶极矩 μ^2 的值成正比,与绝对温度 T 成反比:

$$P_{转向} = \frac{4}{3}\pi N \cdot \frac{\vec{\mu}^2}{3KT} = \frac{4}{9}\pi N \cdot \frac{\vec{\mu}^2}{3KT} \qquad (15-2)$$

式中,K 为玻兹曼常数为 N 为阿伏伽德罗常数。

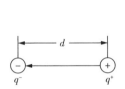

图 15-1　电偶极矩示意图　　　图 15-2　极性分子在电场作用下的定向

在外电场作用下,不论极性分子或非极性分子,都会发生电子云对分子骨架的相对移动,分子骨架也会发生形变,这称为诱导极化或变形极化。用摩尔诱导极化度 $P_{诱导}$ 来衡量。显然 $P_{诱导}$ 可分为两项,即电子极化度 $P_{电子}$ 和原子极化度 $P_{原子}$,因此

$$P_{诱导} = P_{电子} + P_{原子}$$

$P_{诱导}$ 与外电场强度成正比,与温度无关。

如果外电场是交变场,极性分子的极化情况则与交变场的频率有关。当处于频率小于 10^{10} s^{-1} 的低频电场或静电场中,极性分子所产生的摩尔极化度 P 是转向极化、电子极化和原子极化的总和:

$$P = P_{转向} + P_{电子} + P_{原子} \qquad (15-3)$$

当频率增加到 $10^{12} \sim 10^{14}$ s^{-1} 的中频(红外频率)时,电子的交变周期小于分子偶极矩的松弛时间,极性分子的转向运动跟不上电场的变化,即极性

分子来不及沿电场方向定向，故 $P_{转向}=0$，此时极性分子的摩尔极化度等于摩尔诱导极化度 $P_{诱导}$。

当交变电场的频率进一步增加到 $>10^{15}$ s^{-1} 的高频（可见光和紫外频率）时，极性分子的转向运动和分子骨架变形都跟不上电场的变化。此时极性分子的摩尔极化度等于电子极化度 $P_{电子}$。

因此，原则上只要在低频电场下测得极性分子的摩尔极化度 P，在红外频率下测得极性分子的摩尔诱导极化度 $P_{诱导}$，两者相减得到极性分子摩尔转向极化度 $P_{转向}$，然后代入式（15-2）就可算出极性分子的永久偶极矩 μ 来。

2. 极化度的测定

克劳修斯、莫索和德拜从电磁场理论得到了摩尔极化度 P 与介电常数 ε 之间的关系式：

$$P=\frac{\varepsilon-1}{\varepsilon+2}\cdot\frac{M}{\rho} \qquad (15-4)$$

式中，M 为被测物质的分子量，ρ 为该物质的密度，ε 可以通过实验测定。

但式（15-4）是假定分子与分子间无相互作用而推导得到的，所以它只适用于温度不太低的气相体系，但对某些物质甚至根本无法获得气相状态。因此后来提出了用一种溶液法来解决这一困难。溶液法的基本想法是，在无限稀释的非极性溶剂的溶液中，溶质分子所处的状态和气相时相近，于是无限稀释溶液中溶质的摩尔极化度 P_2^∞，就可以看作式（15-4）中的 P。

海德斯特兰首先利用稀溶液的近似公式：

$$\varepsilon_溶=\varepsilon_1(1+\alpha x_2) \qquad (15-5)$$

$$\rho_溶=\rho_1(1+\beta x_2) \qquad (15-6)$$

再根据溶液的加和性，推导出无限稀释时溶质摩尔极化度的公式：

$$P=P_2^\infty=\lim_{x_2\to 0}p_2=\frac{3\alpha\varepsilon_1}{(\varepsilon_1+2)^2}\cdot\frac{M_1}{\rho_1}+\frac{\varepsilon_1-1}{\varepsilon_1+2}\cdot\frac{M_2-\beta M_1}{\rho_1} \qquad (15-7)$$

上述式（15-5）、（15-6）、（15-7）中，$\varepsilon_溶$、$\rho_溶$ 分别是溶液的介电常数和密

度，M_2、x_2 分别是溶质的分子量和摩尔分数，ε_1、ρ_1、M_1 分别是溶剂的介电常数、密度和分子量，α、β 是分别与 $\varepsilon_溶 \sim x_2$ 和 $\rho_溶 \sim x_2$ 直线斜率有关的常数。

上面已经提到，在红外频率的电场下，可以测得极性分子摩尔诱导极化度

$$P_诱导 = P_电子 + P_原子$$

但是在实验上由于条件的限制，很难做到这一点。所以一般总是在高频电场下测定极性分子的电子极化度 $P_电子$。

根据光的电磁理论，在同一频率的高频电场作用下，透明物质的介电常数 ε 与折光率 n 的关系为：

$$\varepsilon = n^2 \tag{15-8}$$

习惯上用摩尔折射度 R_2 来表示高频区测得的极化度，而此时，$P_转向 = 0$，$P_原子 = 0$，则

$$R_2 = P_电子 = \frac{n^2-1}{n^2+2} \cdot \frac{m}{\rho} \tag{15-9}$$

在稀溶液情况下，还存在近似公式：

$$n_溶 = n_1(1 + \gamma x_2) \tag{15-10}$$

同样，从式（15-9）可以推导出无限稀释时，溶质的摩尔折射度的公式：

$$R_2^\infty = \lim_{x_2 \to 0} R_2 = \frac{n_1^2-1}{n_1^2+2} \cdot \frac{M_2 - \beta M_1}{\rho} + \frac{6n_1^2 M_1 \gamma}{(n_1^2+2)^2 \rho_1} \tag{15-11}$$

式（15-10）、（15-11）中，$n_溶$ 是溶液的折射率，n_1 是溶剂的折射率，γ 是与 $n_溶 \sim x_2$ 直线斜率有关的常数。

3. 偶极矩的测定

考虑到原子极化度通常只有电子极化度的 $5\% \sim 15\%$，而且 $P_转向$ 又比 $P_原子$ 大得多，故常常忽视原子极化度。

从式（15-2）、（15-3）、（15-7）和（15-11）可得

$$P_2^\infty - R_2^\infty = \frac{4}{9}\pi N \frac{\mu^2}{KT} \tag{15-12}$$

上式把物质分子的微观性质偶极矩和它的宏观性质介电常数、密度、折

射率联系起来,分子的永久偶极矩就可用下面的简化式计算:

$$\boldsymbol{\mu}=0.04274\times10^{-30}\sqrt{(P_2^{\infty}-R_2^{\infty})T}\ \text{C}\cdot\text{m}$$

在某种情况下,若需要考虑 $P_{原子}^{\infty}$ 影响时,只需对 R_2^{∞} 作部分修正就行了。

上述测求极性分子偶极矩的方法称为溶液法,溶液法测溶质偶极矩与气相测得的真实值间存在偏差。造成这种现象的原因是非极性溶剂与极性溶质分子相互间的作用——"溶剂化"作用。这种偏差现象称为溶剂法测量偶极矩的"溶剂效应"。

此外测定偶极矩的方法还有多种,如温度法、分子束法、分子光谱法及利用微波谱的斯诺克法等,这里就不一一介绍了。

4. 介电常数的测定

介电常数是通过测定电容计算而得的。

我们知道,如果在电容器的两个极板间充以某种电解质,电容器的电容量就会增大。如果维持极板上的电荷量不变,那么充电解质的电容器两极板间电势差就会减少。设 C_0 为极板间处于真空时的电容量,C 为充以电解质时的电容量,则 C 与 C 之比值 ε 称为该电解质的介电常数:

$$\varepsilon=\frac{C}{C_0} \tag{15-14}$$

法拉第在 1837 年就解释了这一现象,认为这是由于电解质在电场中极化而引起的。极化作用形成一反向电场,如图 15-3 所示,因而抵消了一部分外加电场。

测定电容的方法一般有电桥法、拍频法和谐振法,后两者为测定介电常数所常用,抗干扰性能好,精度高,但仪器价格较贵。本实验采用电桥法,选用的仪器为 PCM-1A 型小电容测定仪。

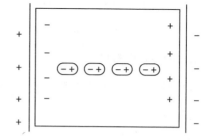

图 15-3 电解质在电场作用下极化而引起的反向电场

但小电容测量仪所测之电容 C_x 包括了样品的电容 $C_样$ 和整个测试系统中的分布电容 C_d 之和,即

$$C_x = C_样 + C_d \qquad (15-15)$$

显然,$C_样$ 值随介质而异,而 C_d 对同一台仪器而言是一个定值,称为仪器的本底值。如果直接将 C_x 值当作 $C_样$ 值来计算,就会引进误差。因此,必须先求出 C_d 值,并在以后的各次测量中给予扣除。

测定 C_d 的方法如下:用一个已知介电常数的标准物质测得电容 $C'_标$:

$$C'_标 = C_标 + C_d \qquad (15-16)$$

再测电容池中不放样品时的电容:

$$C'_空 = C_空 + C_d \qquad (15-17)$$

上述式(15-16)、(15-17)中 $C_标$、$C_空$ 分别为标准物质和空气的电容,近似地可认为 $C_空 \approx C_0$,则

$$C'_标 - C'_空 = C_标 - C_0 \qquad (15-18)$$

因为

$$\varepsilon = \frac{C_标}{C_0} \approx \frac{C_标}{C_空} \qquad (15-19)$$

由式(15-17)、(15-18)、(15-19)可得

$$C_0 = \frac{C'_标 - C'_空}{\varepsilon_标 - 1} \qquad (15-20)$$

$$C_d = C_空 - C_0 = C'_空 \frac{C'_标 - C'_空}{\varepsilon_标 - 1} \qquad (15-21)$$

三、仪器与试剂

小电容测定仪 1 台,电容池 1 只,阿贝折光仪 1 台,超级恒温水浴 1 台,容量瓶(10 mL)5 个,移液管(5 mL 带刻度)1 只,烧杯(10 mL)5 个,干燥器 1 只,电吹风 1 个,电子天平 1 台。

环己烷(分析纯)、乙酸乙酯(分析纯)。

四、实验步骤

1. 溶液配制

配制摩尔分数 X_2 为 0.05, 0.10, 0.15, 0.20, 0.30 的乙酸乙酯的环己烷溶液。操作时应注意防止溶质、溶剂的挥发以及吸收极性较大的水汽。为此,溶液配好后应迅速盖上瓶塞,并置于干燥器中。

2. 折光率的测定

用阿贝折光仪测定环己烷及各配制溶液的折光率。

测定前先用少量样品清洗棱镜镜面两次,用洗耳球吹干镜面。测定时滴加的样品应均匀分布在镜面上,迅速闭合棱镜,调节反射镜,使视场明亮。转动上边的消色散旋钮,使镜筒内呈现一条清晰的明暗临界线。转动下边调节旋钮,使临界线移动至准丝交点上,此时可在镜筒内读取折光率读数,每个样品要求测定 2 次。

3. 介电常数的测定

电容 C_0 和 C_d 的测定本实验采用环己烷作为标准物质,其介电常数的温度公式为:

$$\varepsilon_{环己烷} = 2.052 - 1.55 \times 10^{-3}t \tag{15-22}$$

式中,t 为测定时的温度($^\circ$C)。

插上小电容测量仪的电源插头,打开电源开关,预热 10 min。

用配套的测试线将数字小电容测量仪上的"电容池座"插座与电容池上的"Ⅱ"插座相连,将另一根测试线的一端插入数字小电容测量仪的"电容池"插座,另一端暂时不接。

待数显稳定后,按下校零按钮,数字表头显示为零。

在电容池样品室干燥、清洁的情况下(电容池不清洁时,可用乙醚或丙酮冲洗数次,并用电吹风吹干),将测试线未连接的一端插入电容池上的"Ⅰ"插座,待数显稳定后,数字表头指示的便为空气电容值 $C'_{空}$。

拔出电容池"Ⅰ"插座一端的测试线,打开电容池的上盖,用移液管量取

1 mL环己烷注入电容池样品室(注意样品不可多加,样品过多会腐蚀密封材料),每次加入的样品量必须相同。待数显稳定后,按下校零按钮,数字表头显示为零。将拔下的测试线的一端插入电容池上的"I"插座,待数显稳定后,数字表头显示的便为环己烷的电容值。吸去电容池内的环己烷(倒在回收瓶中),重新装样,再次测量电容值,两次测量电容的平均值即为$C'_{环己烷}$。

用吸管吸出电容池内的液体样品,用电吹风对电容池吹气,使电容池内液体样品全部挥发,至数显的数字与$C'_{空}$的值相差无几(<0.02 pF),才能加入新样品,否则须再吹。

将$C'_{空}$、$C'_{环己烷}$值代入式(20)、(21),可解出C_0和C_d值。

溶液电容的测定与测纯环己烷的方法相同。重复测定时,不但要吸去电容池内的溶液,还要用电吹风将电容池样品室和电极吹干。然后复测$C'_{空}$值,以检验样品室是否还有残留样品。再加入该浓度溶液,测出电容值。两次测定数据的差值应小于0.05 pF,否则要继续复测。所测电容读数取平均值,减去C_d,即为溶液的电容值$C_溶$。由于溶液浓度会因试剂易挥发而改变,故加样时动作要迅速。

五、数据处理

1. 记录数据

项目	编　号				
	1	2	3	4	5
摩尔分数 x_2	0.05	0.10	0.15	0.20	0.30
折光率 n_1					
n_2					
n					
C'_1(pF)					
C'_2(pF)					
C'(pF)					
ε					

$$C_0 =$$

$$C_d =$$

2. 作 $\varepsilon \sim x_2$ 图，由直线斜率求得 α。

作 $\rho \sim x_2$ 图，由直线斜率求得 β。

作 $n \sim x_2$ 图，由直线斜率求得 γ。

3. 将 ρ_1、ε_1、α、β 值代入式（15-7），求得 P_2^{∞}。

将 ρ_1、ε_1、β、γ 值代入式（15-11），求得 R_2^{∞}。

4. 将 P_2^{∞}、R_2^{∞} 值代入式（15-13），计算乙酸乙酯的永久偶极矩 μ。

六、思考题

(1)试分析本实验中误差的主要来源,如何改进?

(2)准确测定溶质摩尔极化度和摩尔折射度时,为什么要外推至无限稀释?

七、注意事项

(1)本实验所用试剂均易挥发,配制溶液时动作应迅速,以免影响浓度。

(2)测定电容时,应防止溶液挥发及吸收空气中极性较大的水汽,以免影响测定值。

(3)测折光率时,样品滴加要均匀,用量不能太少,滴管不要触及棱镜,以免损坏镜面。

(4)电容池各部件的连接应注意绝缘。

实验十六 BZ 振荡反应

一、实验目的

(1)了解 Belousov – Zhabotinski 反应(简称 BZ 反应)的基本原理。

(2)初步理解自然界中普遍存在的非平衡非线性的问题。

二、实验原理

非平衡非线性问题是自然科学领域中普遍存在的问题,大量的研究工作正在进行。研究的主要问题是:体系在远离平衡态下,由于本身的非线性动力学机制而产生宏观时空有序结构,称为耗散结构。最典型的耗散结构是 BZ 体系的时空有序结构,所谓 BZ 体系是指由溴酸盐,有机物在酸性介质中,在有(或无)金属离子催化剂催化下构成的体系。它是由苏联科学家 Bzlousov 发现,后经 Zhabotinski 发现而得名。1972 年,R.J.Fiela、E. Koros、R. Noyes 等人通过实验对 BZ 振荡反应作出了解释。其主要思想是:体系中存在着两个受溴离子浓度控制过程 A 和 B,当[Br^-]高于临界浓度[Br^-]$_{crit}$时发生 A 过程,当[Br^-]低于[Br^-]$_{crit}$时发生 B 过程。也就是说[Br^-]起着开关作用,它控制着从 A 到 B 过程发生,再由 B 到 A 过程的转变。在 A 过程,由化学反应[Br^-]降低,当[Br^-]到达[Br^-]$_{crit}$时,B 过程发生。在 B 过程中,Br^-再生,[Br^-]增加,当[Br^-]达到[Br^-]$_{crit}$,A 过程发生,这样体系就在 A 过程,B 过程间往复振荡。下面用 BrO_3^- ～Ce^{+4}～MA～

H_2SO_4 体系为例加以说明。

当 $[Br^-]$ 足够高时,发生下列 A 过程:

$$BrO_3^- + Br^- + 2H^+ \xrightarrow{K_1} HBrO_2 + HOBr \qquad 1$$

$$HBrO_2 + Br^- + H^+ \xrightarrow{K_2} 2HOBr \qquad 2$$

其中第一步是速率控制步,当达到准定态时,有

$$[HBrO_2] = \frac{K_1}{K_2}[BrO_3^-][H^+]$$

当 $[Br^-]$ 低时,发生下列日过程 Ce^{3+} 被氧化

$$BrO_3^- + HBrO_2 + H^+ \xrightarrow{K_3} 2BrO_2 + H_2O$$

$$BrO_2 + Ce^{+3} + H^+ \xrightarrow{K_4} HBrO_2 + Ce$$

$$2HBrO_2 \xrightarrow{K_5} BrO_3^- + H^+$$

反应(3)是速度控制步,反应经(3)、(4)将自催化产生 $HbrO_2$,达到准定态时

$$[HBrO_2] \approx \frac{K_3}{2K_5}[BrO_3^-][H^+]$$

由反应(2)和(3)可以看出:Br^- 和 BrO_3^- 是竞争 $HbrO_2$ 的。当 $K_2[Br^-] > K_3[BrO_3^-]$ 时,自催化过程,(3)不可能发生。自催化是 BZ 振荡反应中必不可少的步骤,否则该振荡不能发生。Br^- 的临界浓度为:

$$[Br^-]_{crit} = \frac{K_3}{K_2}[BrO_3^-] = 5 \times 10^{-6}[BrO_3^-]$$

Br^- 的再生可通过下列过程实现:

$$4Ce^{+4} + BrCH(COOH)_2 + H_2O + HOBr \xrightarrow{K_6} 2Br^- + 4Ce^{3+} + 3CO_2 + 6H^+$$

该体系的总反应为

$$2H^+ + 2BrO_3^- + 2CH(COOH)_2 \longrightarrow 2BrCH(COOH)_2 + 3CO_2 + 4H_2O$$

振荡的控制物种是 Br^-

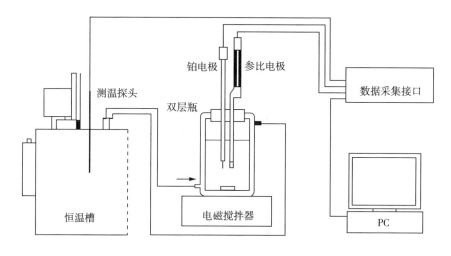

图 16-1 实验装置

三、实验步骤

1. 仪器与药品

超级恒温槽1台,BZ振荡反应实验装置一套。

丙二酸(A.R.),溴酸钾(G.R.),硫酸铈铵(A.R.),溴化钠(A.R.),浓硫酸(A.R.),试亚铁灵溶液。

2. 实验步骤

(1)按图联好仪器,打开超级恒温槽,将温度调节至 25.0 ℃±0.1 ℃。

(2)配置 0.45 mol/L 丙二酸 250 mL,0.25 mol/L 溴酸钾 250 mL,硫酸 3.00 mol/L 250 mL,4×10^{-3} mol/L 的硫酸铈铵 250 mL。

(3)在反应器中加入已配好的丙二酸溶液,溴酸钾溶液,硫酸溶液各 15 mL,恒温 5 min 后加入硫酸铈铵溶液 15 mL,观察溶液的颜色变化,同时记录相应的电势曲线。

(4)断开记录仪,接上数字电压表,重复上述实验,观察体系的颜色变化,记录其电势变化的范围。

(5)用上述方法改变温度为 30 ℃,35 ℃,40 ℃,45 ℃,50 ℃时重复实验。

(6)观察 $NaBr \sim NaBrO_3 \sim H_2SO_4$ 体系加入试亚铁灵溶液后的颜色变化及时空有序现象。

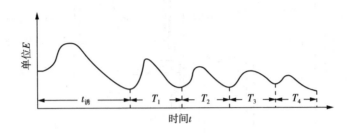

(1)配制三种溶液 a、b、c。

a. 取 3 mL 浓硫酸稀释在 134 mL 水中,加入 10 g 溴酸钾溶解。

b. 取 1 g 溴化钠溶在 10 mL 水中。

c. 取丙二酸 2 g 溶解在 20 mL 水中。

(2)在一个小烧杯中,先加入 6 mL a 溶液,再加入 0.5mL b 溶液,再加 1 mL c 溶液,几分钟后,溶液呈无色,再加 1 mL 0.025 mol/L 的试亚铁灵溶液充分混合。

(3)把溶液注入一个直径 9 cm 的培养皿中(清洁,干净),加上盖。此时溶液呈均匀红色。几分钟后,溶液出现蓝色,并成环状向外扩展,形成各种同心圆状花纹。

3. 实验注意事项

(1)实验中溴酸钾试剂纯度要求高。

(2)217 型甘汞电极用 1 mol/L H_2SO_4 作液接。

(3)配制 0.004 mol/L 的硫酸铈铵溶液时,一定要在 0.20 mol/L 硫酸介质中配制。防止发生水解呈混浊。

(4)所使用的反应容器一定要冲洗干净,转子位置及速度都必须加以控制。

4. 数据处理

根据 $t_{诱}$ 与温度数据作 $\ln(1/t_{诱}) \sim 1/T$ 作图,求出表观活化能。

5. 思考题

(1)影响诱导期的主要因素有哪些?

(2)本实验记录的电势主要代表什么意思? 与 Nernst 方程求得的电位有何不同?

四、用 BZ 振荡反应数据采集系统做 Bz 振荡反应实验

BZ 振荡反应数据采集系统是一套物理化学实验教学辅助设备,它能够自动完成 BZ 振荡实验的测量、控制、记录及数据处理全过程。该系统主要由系统软件和"BZ 振荡反应数据采集接口装置"两部分组成。

1. 仪器与药品

反应器 100 mL 1 只,超级恒温槽 1 台,磁力搅拌器 1 台,BZ 振荡反应数据采集接口装置 1 台,计算机 1 台。

丙二酸(A. R.)、溴酸钾(G. R.)、硫酸铈铵(A. R.)、溴化钠(A. R.)、浓硫酸(A. R.)、试亚铁灵溶液。

2. 实验步骤

参照"BZ 振荡反应数据采集接口系统使用说明书"

(1)配制三种溶液 a、b、c。

a. 取 3 mL 浓硫酸稀释在 134 mL 水中,加入 10 g 溴酸钠溶解。

b. 取 1 g 溴化钠溶在 10 mL 水中。

c. 取丙二酸 2 g 溶解在 20 mL 水中。

(2)在一个小烧杯中,先加入 6 mL a 溶液,再加入 0.5 mL b 溶液,再加 1 mL c 溶液,几分钟后,溶液呈无色,再加 1 mL 0.025 mol/L 的试亚铁灵溶液充分混合。

(3)把溶液注入一个直径 9 cm 的培养皿中(清洁,干净),加上盖。此时溶液呈均匀红色。几分钟后,溶液出现蓝色,并成环状向外扩展,形成各种同心圆状花纹。

3. 实验注意事项

(1)实验中溴酸钾试剂纯度要求高。

(2)217 型甘汞电极用 1 mol/L H_2SO_4 作液接。

(3)配制 0.004 mol/L 的硫酸铈铵溶液时,一定要在 0.20 mol/L 硫酸介质中配制。防止发生水解呈浑浊。

(4)所使用的反应容器一定要冲洗干净,转子位置及速度都必须加以控制。

4. 数据处理

根据 $t_诱$ 与温度数据作 $\ln(1/t_诱) \sim 1/T$ 作图,求出表观活化能。

5. 思考题

(1)影响诱导期的主要因素有哪些?

(2)本实验记录的电势主要代表什么意思? 与 Nernst 方程求得的电位有何不同?

实验十七　分光光度法测定弱电解质的电离常数

一、实验目的

1. 学会用分光光度法测定溶液各组分浓度,并由此求出甲基红离解平衡常数。

2. 掌握可见分光光度计的原理和使用方法。

二、实验原理

1. 分光光度法

分光光度法是对物质进行定性分析、结构分析和定量分析的一种手段,而且还能测定某些化合物的物化参数,例如摩尔质量,配合物的配合比和稳定常数以及酸碱电力常数等。

测定组分浓度的依据是朗伯-比尔定律:一定浓度的稀溶液对于单色光的吸收遵守下式

$$A = \lg \frac{I_0}{I} = klc \qquad (17-1)$$

式中,A 为吸光度,I/I_0 为透光率 T,k 为摩尔吸光系数(与溶液的性质有关),l 为溶液的厚度,c 为溶液浓度。

在分光光度分析中,将每一种单色光,分别依次通过某一溶液,测定溶液对每一种光波的吸光度,以吸光度 A 对波长 λ 作图,就可以得到该物质的分光光度曲线或吸收光谱曲线,如图 17-1 所示。由图可以看出,对应于某一波长有一个最大的吸收峰,用这一波长的入射光通过该溶液就有着最佳的灵敏度。

从(17-1)式可以看出,对于固定长度吸收槽,在对应最大吸收峰的波长(λ)下测定不同浓度 c 的吸光度,就可作出线性的 $A\sim c$ 线,这就是光度法的定量分析的基础。

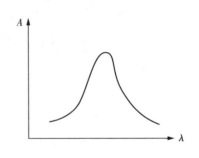

图 17-1 分光光度曲线

以上讨论是对于单组分溶液的情况。对含有两种以上组分的溶液,情况就要复杂一些:

① 若两种被测定组分的吸收曲线彼此不相重合,这种情况很简单,就等于分别测定两种单组分溶液。

② 两种被测定组分的吸收曲线相重合,且遵守 Lambert-Beer 定律,则可在两波长 λ_1 及 λ_2 时(λ_1、λ_2 是两种组分单独存在时吸收曲线最大吸收峰波长)测定其总吸光度,然后换算成被测定物质的浓度。

根据 Beer-Lambert 定律,假定吸收槽的长度一定(一般为 1 cm),

$$对于单组分 A: A_\lambda^A = K_\lambda^A C^A \atop 对于单组分 B: A_\lambda^B = K_\lambda^B C^B \Biggr\} \qquad (17-2)$$

设 $A_{\lambda_1}^{A+B}$,$A_{\lambda_2}^{A+B}$ 分别代表在 λ_1 及 λ_2 时混合溶液的总吸光度,则

$$A_{\lambda_1}^{A+B} = A_{\lambda_1}^A + A_{\lambda_1}^B = K_{\lambda_1}^A C^A + K_{\lambda_1}^B C^B \qquad (17-3)$$

$$A_{\lambda_2}^{A+B} = A_{\lambda_2}^A + A_{\lambda_2}^B = K_{\lambda_2}^A C^A + K_{\lambda_2}^B C^B \qquad (17-4)$$

此处 $A_{\lambda 1}^A$、$A_{\lambda 2}^A$、$A_{\lambda 1}^B$、$A_{\lambda 2}^B$ 分别代表在 λ_1 及 λ_2 时组分 A 和 B 的吸光度。由(17-3)式可得:

$$C^B = \frac{A_{\lambda_1}^{A+B} - K_{\lambda_1}^A C^A}{K_{\lambda_1}^B} \qquad (17-5)$$

将(17-5)式代入(17-4)式得：

$$C^A = \frac{K_{\lambda_1}^B A_{\lambda_2}^{A+B} - K_{\lambda_2}^B A_{\lambda_1}^{A+B}}{K_{\lambda_2}^A K_{\lambda_1}^B - K_{\lambda_2}^B K_{\lambda_1}^A} \tag{17-6}$$

这些不同的 K 值均可由纯物质求得。也就是说，在各纯物质的最大吸收峰的波长 λ_1、λ_2 时，测定吸光度 A 和浓度 c 的相关。如果在该波长处符合朗伯-比尔定律，那么 $A \sim c$ 为直线，直线的斜率为 K 值。$A_{\lambda_1}^{A+B}$、$A_{\lambda_2}^{A+B}$ 是混合溶液在 λ_1、λ_2 时测得的总吸光度，因此根据(17-5)、(17-6)式即可计算混合溶液中组分 A 和组分 B 的浓度。

甲基红溶液即为②中所述情况，其他情况要比①②更复杂一些，本实验暂不作讨论。

2. 甲基红离解平衡常数及 pK 的测定

甲基红是一种弱酸型的染料指示剂，具有酸（HMR）和碱（MR⁻）两种形式。其分子式为：

它在溶液中部分电离，在碱性溶液中呈黄色，酸性溶液中呈红色。在酸性溶液中它以两种离子形式存在：

酸（HMR）-红

碱（MR⁻）-黄

简单地写成：

$$HMR \Longleftrightarrow H^+ + MR^-$$

甲基红的酸形式　　　　　　甲基红的碱形式

在波长 520 nm 处,甲基红酸式 HMR 对光有最大吸收,碱式吸收较小;在波长 430 nm 处,甲基红碱式 MR^- 对光有最大吸收,酸式吸收较小。故依据(17-5)、(17-6)式,可得:

$$[MR^-]/[HMR] = (A_{430*}^{总} K_{530}'^{HMR} - A_{520}^{总} \times K_{430}'^{HMR})/$$

$$(A_{520}^{总} \times K_{430}'^{MR^-} - A_{430}^{总} \times K_{520}'^{MR^-}) \qquad (17-7)$$

由于 HMR 和 MR 两者在可见光谱范围内具有强的吸收峰,溶液离子强度的变化对它的酸离解平衡常数没有显著影响,而且在简单 $CH_3COOH - CH_3COONa$ 缓冲体系中就很容易使颜色在 pH=4~6 范围内改变,因此比值$[MR^-]/[HMR]$可用分光光度法测定而求得。

甲基红的电离常数

$$k = \frac{[H^+][MR^-]}{[HMR]}$$

令 $-\lg K = pK$,则

$$pK = pH - \lg \frac{[MR^-]}{[HMR]} \qquad (17-8)$$

由(8)式可知,只要测定溶液中$[MR^-]/[HMR]$及溶液的 pH 值(用 pH 计测得),即可求得甲基红的 pK。

三、仪器和试剂

1. 仪器

722 型分光光度计,(HANNA instrument) pH 211 Microprocessor pH meter,容量瓶 100 ml 11 个,烧杯 50 ml 3 个,移液管 10 ml 2 支,25 ml 2 支,

量筒 50 ml 1 个。

2. 试剂

甲基红(A. R.)、95％酒精、0.1 mol・L^{-1} HAc、0.01 mol・L^{-1} HCl、0.1 mol・L^{-1} HCl、0.01 mol・L^{-1} NaAc、0.04 mol・L^{-1} NaAc。

四、实验步骤

1. 甲基红溶液

将 1 g 甲基红加 300 mL 95％的乙醇,用蒸馏水稀释至 500 mL 容量瓶中。

2. 甲基红标准溶液

取 10 mL 上述溶液,加入 50 mL 95％乙醇,用蒸馏水稀释至 100 mL 容量瓶中。

3. 溶液 A

取 10.00 mL 甲基红标准溶液,加入 0.1 mol/L 盐酸 10 mL,用蒸馏水稀释至 100 mL 容量瓶中。

4. 溶液 B

取 10 mL 甲基红标准溶液,加入 0.04 mol/L 醋酸钠 25 mL,用蒸馏水稀释至 100mL 容量瓶中。

5. 按下表分别配制不同浓度的溶液:

表 17 - 1　不同浓度的以酸式为主的甲基红溶液的配制

溶液编号	A 溶液的体积百分比含量	A 溶液/ml	0.1 mol・L^{-1} HCl/ml
1$^{\#}$	100％	10.00	0.00
2$^{\#}$	75％	7.50	2.50
3$^{\#}$	50％	5.00	5.00
4$^{\#}$	25％	2.50	7.50

表 17-2 不同浓度的以碱式为主的甲基红溶液的配制

溶液编号	B 溶液的体积百分比含量	B 溶液/ml	$0.1 \text{ mol} \cdot L^{-1} NaAc/ml$
5#	100%	10.00	0.00
6#	75%	7.50	2.50
7#	50%	5.00	5.00
8#	25%	2.50	7.50

配制完后分别测得 7 种溶液在 520 nm 及 430 nm 处的吸光度 A。

6. 配制不同 pH 下的甲基红溶液

按照表 17-3 配制 4 种溶液。

表 17-3 配制的 4 种溶液

溶液编号	标准溶液/ml	$0.1 \text{ mol} \cdot L^{-1} HCl/ml$	$0.04 \text{ mol} \cdot L^{-1} NaAc/ml$
9#	5.00	2.50	12.50
10#	5.00	5.00	12.50
11#	5.00	12.50	12.50
12#	5.00	25.00	12.50

配制完后分别测得 4 种溶液在 520 nm 及 430 nm 处的吸光度 A。

5、6 步骤中在测量溶液的吸光度时,一个比色皿要使用多次,在更换溶液时要清洗干净,再换装溶液。

五、数据记录

1. 以酸式为主和以碱式为主的甲基红各溶液吸光度的测定

将 1#~8# 溶液在波长 520 nm、430 nm 下分别测定吸光度,以蒸馏水为参比溶液,数据记录数据。

2. 不同 $[MR^-]/[HMR]$ 值的甲基红溶液吸光度的测定

将 9#~12# 溶液在波长 520 nm、430 nm 下分别测其吸光度,以蒸馏水为参比溶液,数据数据。

3. 甲基红溶液 pH 的测定

用 pH 计分别测定上述 $9^{\#}\sim12^{\#}$ 溶液的 pH,记录 pH 数据。

六、数据处理

1. 求 A 溶液和 B 溶液的摩尔消光系数

(1) 各溶液浓度计算;(2) 各溶液浓度与其吸光度曲线。

2. 甲基红溶液中[MR^-]/[HMR]值的计算

将 2 中计算出的摩尔消光系数和五、3 中的吸光度,代入式(7),计算出 $9^{\#}$,$10^{\#}$,$11^{\#}$,$12^{\#}$ 溶液中[MR^-]/[HMR]之比。

3. 甲基红溶液离解平衡常数 K 的计算

将五、4 中测得的 pH 和相应的[MR^-]/[HMR]代入式(8),计算出 $9^{\#}$,$10^{\#}$,$11^{\#}$,$12^{\#}$ 溶液的 pK 值,取其平均值。

七、思考题

(1)为何要先测出最大吸收波长,然后在最大吸收峰处测定吸光度?

(2)为何待测液要配成稀溶液?

(3)用分光光度法进行测定时,为何要用空白溶液校正零点?

实验十八　离子迁移数的测定

一、目的要求

(1)掌握希托夫法测定电解质溶液中离子迁移数的基本原理和操作方法。

(2)测定 $CuSO_4$ 溶液中 Cu^{2+} 和 SO_4^{2-} 的迁移数。

二、实验原理

当电流通过电解质溶液时,溶液中的正负离子各自向阴、阳两极迁移,由于各种离子的迁移速度不同,各自所带过去的电量也必然不同。每种离子所带过去的电量与通过溶液的总电量之比,称为该离子在此溶液中的迁移数。若正负离子传递电量分别为 q^+ 和 q^-,通过溶液的总电量为 Q,则正负离子的迁移数分别为:

$$t^+ = q^+/Q \quad t^- = q^-/Q$$

离子迁移数与浓度、温度、溶剂的性质有关,增加某种离子的浓度则该离子传递电量的百分数增加,离子迁移数也相应增加。温度改变,离子迁移数也会发生变化,但温度升高正负离子的迁移数差别较小。同一种离子在不同电解质中迁移数是不同的。

离子迁移数可以直接测定,方法有希托夫法、界面移动法和电动势法等。

用希托夫法测定 $CuSO_4$ 溶液中 Cu^{2+} 和 SO_4^{2-} 的迁移数时,在溶液中间区浓度不变的条件下,分析通电前原溶液及通电后阳极区(或阴极区)溶液的浓度,读取阳极区(或阴极区)溶液的体积,可计算出通电后迁移出阳极区(或阴极区)的 Cu^{2+} 和 SO_4^{2-} 的量。通过溶液的总电量 Q 由串联在电路中的电量计测定,可算出 t_+ 和 t_-。

在迁移管中,两电极均为 Cu 电极,其中放 $CuSO_4$ 溶液。通电时,溶液中的 Cu^{2+} 在阴极上发生还原析出 Cu,而在阳极上金属铜溶解生成 Cu^{2+}。

对于阳极,通电时一方面阳极区有 Cu^{2+} 迁移出,另一方面电极上 Cu 溶解生成 Cu^{2+},因而有

$$n_{迁,Cu^{2+}} = \frac{q^+}{Q} = n_{原始,Cu^{2+}} - n_{阳极,Cu^{2+}} + n_{电}$$

对于阴极,通电时一方面阴极区有 Cu^{2+} 迁移入,另一方面电极上 Cu^{2+} 析出生成 Cu,因而有

$$n_{迁,Cu^{2+}} = \frac{q^+}{Q} = n_{阴极,Cu^{2+}} - n_{原始,Cu^{2+}} + n_{电}$$

$$t_{Cu^{2+}} = \frac{n_{迁,Cu^{2+}}}{n_{电}}, H = n_1 \widetilde{H}_1 + n_2 \widetilde{H}_2$$

式中,$n_{迁,Cu^{2+}}$ 表示迁移出阳极区或迁入阴极区的 Cu^{2+} 的量,$n_{原始,Cu^{2+}}$ 表示通电前阳极区或阴极区所含 Cu^{2+} 的量,$n_{阳极,Cu^{2+}}$ 表示通电后阳极区所含 Cu^{2+} 的量,$n_{阴极,Cu^{2+}}$ 表示通电后阴极区所含 Cu^{2+} 的量。$n_{电}$ 表示通电时阳极上 Cu 溶解(转变为 Cu^{2+})的量,也等于铜电量计阴极上 Cu^{2+} 析出 Cu 的量,可以看出希托夫法测定离子的迁移数至少包括两个假定:

(1)电的输送者只是电解质的离子,溶剂水不导电,这一点与实际情况接近。

(2)不考虑离子水化现象。

实际上正、负离子所带水量不一定相同,因此电极区电解质浓度的改变,部分是由于水迁移所引起的,这种不考虑离子水化现象所测得的迁移数称为希托夫迁移数。

本实验用硫代硫酸钠溶液滴定铜离子浓度。其反应机理如下:

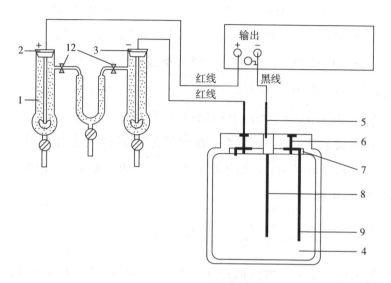

图 18-1 离子迁移数测定实验装置图

$$4I^- + 2Cu^{2+} = CuI\downarrow + I_2$$

$$I_2 + 2S_2O_3^{2-} = S_4O_6^{2-} + 2I^-$$

每 1 mol Cu^{2+} 消耗 1 mol $S_2O_3^{2-}$。

三、仪器试剂

迁移管 1 套,铜电极 2 只,离子迁移数测定仪 1 台,铜电量计 1 台,分析天平 1 台,碱式滴定管(250 mL)1 只,碘量瓶(250 mL)2 只,移液管(20 mL)3 只,量筒(100 mL)1 个。

KI 溶液(10%)、淀粉指示剂(0.5%)、硫代硫酸钠溶液(0.5000 mol·L^{-1})、醋酸溶液(1 mol·L^{-1})、硫酸铜溶液(0.5 mol·L^{-1})

四、实验步骤

(1)取 25 mL 0.5 mol·L^{-1} 硫酸铜溶液于 250 mL 干净容量瓶中,稀释至刻度,得 0.05 mol·L^{-1} 的 $CuSO_4$ 溶液。

(2)水洗干净迁移管,然后用 0.05 mol·L^{-1} 的 $CuSO_4$ 溶液洗净迁移管,并安装到迁移管固定架上,电极表面有氧化层用细砂纸打磨。

（3）将铜电量计中阴极、阳极铜片取下，先用细砂纸磨光，除去表面氧化层，用蒸馏水洗净，用乙醇淋洗并吹干，在分析天平上称重，装入电量计中。

（4）连接好迁移管，离子迁移数测定仪和铜电量计。

（5）接通电源，调节电流强度为不超过 10 mA，连续通电 90 min。

（6）取 5 ml 0.5000 mol·L^{-1}Na$_2$S$_2$O$_3$溶液于 50 mL 干净容量瓶中，稀释至刻度，得 0.0500 mol·L^{-1} 的 Na$_2$S$_2$O$_3$ 溶液。

（7）通电前 CuSO$_4$ 溶液的滴定

用移液管从 250 ml 容量瓶中移取 10 mL 0.05 mol·L^{-1} 的 CuSO$_4$ 溶液于碘量瓶中，加入 5 mL 1 mol·L^{-1} 的 HAc 溶液，加入 3 mL 10% 的 KI 溶液，塞好瓶盖，振荡。置暗处 5～10 min，以 0.0500 mol·L^{-1} 的 Na$_2$S$_2$O$_3$ 标准溶液滴定至溶液呈淡黄色。然后加入 1 mL 淀粉指示剂，继续滴定至蓝色恰好消失（乳白色），记录消耗的 Na$_2$S$_2$O$_3$ 标准溶液体积。

（8）通电后 CuSO$_4$ 溶液的滴定

停止通电后，关闭活塞 12，分别测量阴、阳极区 CuSO$_4$ 溶液的体积，并分别移取 10 ml 阴、阳极区 CuSO$_4$ 溶液，用 Na$_2$S$_2$O$_3$ 标准溶液滴定，分别记录消耗的 Na$_2$S$_2$O$_3$ 标准溶液体积。

（9）将铜电量计中阴极、阳极铜片取下，用蒸馏水洗净，用乙醇淋洗并吹干，在分析天平上称重。

五、注意事项

（1）实验中的铜电极必须是纯度为 99.999% 的电解铜。

（2）实验过程中凡是能引起溶液扩散，搅动等因素必须避免。电极阴极、阳极的位置能对调，迁移数管及电极不能有气泡，两极上的电流密度不能太大。

（3）本实验中各部分的划分应正确，不能将阳极区与阴极区的溶液错划入中部，这样会引起实验误差。因此，停止通电后，必须先关闭活塞 12，然后才能测量阴、阳极区 CuSO$_4$ 溶液的体积。

（4）阴、阳极区 CuSO$_4$ 溶液的浓度差别很小，为了避免误差，宜分别用干净的移液管直接移取通电后的阴极、阳极区 $CuSO_4$ 溶液进行滴定,测量体积时将用于滴定的体积数计算在内。

(5)本实验由铜库仑计的增重计算电量,因此称量及前处理都很重要,需仔细进行。

六、数据处理

(1)数据记录

室温(℃)		电流强度(mA)		通电时间(min)	
库仑计铜片质量(g)		铜片 1		铜片 2	
		通电前	通电后	通电前	通电后
$CuSO_4$ 溶液的体积(ml)		左侧		右侧	
$Na_2S_2O_3$原液浓度(mol/L)			$Na_2S_2O_3$标准溶液浓度(mol/L)		
Cu^{2+} 浓度滴定	试样体积 (ml)	滴定前 $Na_2S_2O_3$ 标准溶液读数 (ml)	滴定后 $Na_2S_2O_3$ 标准溶液读数 (ml)	消耗 $Na_2S_2O_3$ 标准溶液体积 (ml)	Cu^{2+} 浓度 (mol/L)
通电前					
左侧电极区					
右侧电极区					

(2)判断铜片 1、铜片 2 哪片是阳极、阴极?判断左侧电极区、右侧电极区哪侧是阳极区、阴极区?

(3)由电量计中阴极铜片的增量,算出通入的总电量,即

$$铜片的增量/铜的原子量 = n_电$$

(4)计算 Cu^{2+} 和 SO_4^{2-} 的迁移数。

七、思考题

(1)通过电量计阴极的电流密度为什么不能太大?

(2)通过电前后中部区溶液的浓度改变,须重做实验,为什么?

(3)0.1 mol. L^{-1} KCl 和 0.1 mol·L^{-1} NaCl 中的 Cl^- 迁移数是否相同?

(4)如以阳极区电解质溶液的质量计算 $t(Cu^{2+})$,应如何进行?

我国著名物理化学家黄子卿在麻省理工学院求学期间研究了各种因素对界面移动法测定离子迁移数的准确度的影响,并对实验装置做出改进,提高了测定的准确度并且发表了论文。同时还对其他方面的成就进行介绍,如热力学温标水的三项点的测定值,国际上以此论文为标准确定绝对零度为 273.15 K。科学家追求真理、精益求精的科学精神和爱国情怀,可激发学生刻苦学习、努力钻研,立志为国家的发展贡献自己的力量。

实验十九 粘度法测定高聚物的相对分子质量

一、实验目的

(1)掌握用乌氏粘度计测定高聚物水溶液粘度的原理和方法；

(2)利用水溶液粘度测定高聚物聚乙二醇的相对分子质量。

二、实验原理

高聚物是单体小分子加聚或缩聚而成的，其分子量大小对人们研究高聚物聚合、解聚过程的机理和动力学以及改良和控制高聚物产品的性能具有十分重要的意义。测定方法因分子量不同而异：

表 19-1 高聚物测定方法

方法名称	适用分子范围
沸点升高法	3×10^4 以下
冰点降低法	5×10^3 以下
膜渗透压法	$2 \times 10^4 \sim 1 \times 10^6$
粘度法	$1 \times 10^4 \sim 1 \times 10^7$

本实验采用的粘度法具有设备简单操作方便的特点，准确度可达到 $\pm 5\%$。

两个面积为 A、维持流速梯度为 $\dfrac{\mathrm{d}u}{\mathrm{d}l}$ 所需的力

$$f = \eta A \frac{\mathrm{d}u}{\mathrm{d}l} \text{(牛顿粘度定律)}$$

式中,比例系数 η 称为粘度,是流体对流动所表现出的内摩擦力。

高聚物溶液的粘度 η 是高聚物分子间的内摩擦、高聚物分子与溶剂分子间的内摩擦以及溶剂分子与溶剂分子间的内摩擦力 η_0 三者之和。

通常,将溶液粘度与纯溶剂粘度的比

$$\eta_r = \frac{\eta}{\eta_0}$$

称为相对粘度。

将相对于溶剂,溶液粘度增加的比称为增比粘度

$$\eta_{sp} = \frac{\eta - \eta_0}{\eta_0}$$

式中,η_r 反映的是溶液的粘度行为,η_{sp} 反映的是高聚物分子与溶剂分子间和高聚物分子间的内摩擦效应。二者均随高聚物溶液浓度 ρ_i（单位:$\mathrm{kg \cdot m^{-3}}$）增加而增加。为便于比较,常将单位浓度下显示的 $\dfrac{\eta_{sp}}{\rho_i}$ 称为比浓粘度。当溶液无限稀释时,高聚物分子彼此相隔甚远,它们的相互作用可以忽略,此时

$$\lim_{\rho_i \to 0} \frac{\eta_{sp}}{\rho_i} = [\eta]$$

式中,$[\eta]$ 称为特性粘度,它反映的是无限稀释溶液中高聚物分子与溶剂分子间的内摩擦,其值取决于溶剂的性质及高聚物分子的大小和形态。$[\eta]$ 单位是 $\mathrm{m^3 \cdot kg^{-1}}$。

在稀的高聚物溶液里,$\dfrac{\eta_{sp}}{\rho_i}$ 与 ρ_i 间符合:

$$\frac{\eta_{sp}}{\rho_i} = [\eta] + \kappa [\eta]^2 \rho_i$$

式中,κ 称为 Huggins 常数。$\dfrac{\eta_{sp}}{\rho_i}$ 对 ρ_i 作图并拟合直线,通过外推至 $\rho_i \to 0$ 时

所得截距即为特性粘度$[\eta]$

据 Mark - Houwink 经验方程：

$$[\eta] = K \cdot \overline{M}_\eta^\alpha$$

聚乙二醇在不同温度时的 K、α 值（水为溶液）见表 19-2。

表 19-2　聚乙二醇在不同温度时的 K、α 值（水溶液）

$T/{}^\circ\text{C}$	$K/10^{-6}(\text{m}^3 \cdot \text{kg}^{-1})$	α	$\overline{M}_\eta^\alpha/10^4$
25	156	0.50	0.019—0.1
30	12.5	0.78	2—500
35	6.4	0.82	3—700
35	16.6	0.82	0.04—0.4
45	6.9	0.81	3—700

由此，即可求出高聚物聚乙二醇的相对分子质量。

聚乙二醇溶液的粘度，通过测定一定体积的液体流经一定长度和半径的毛细管所需时间而获得。所用粘度计为乌式粘度计：

当液体在重力作用下流经毛细管时，其遵守 Poiseuille 定律：

$$\eta = \frac{\pi p r^4 t}{8lV} = \frac{\pi \rho g h r^4 t}{8lV}$$

式中，$\eta(\text{Pa} \cdot \text{s})$ 为液体粘度；$p(\text{kg} \cdot \text{m}^{-1} \cdot \text{s}^{-2})$ 为当液体流动时在毛细管两端间的压力差（即液体密度 ρ，重力加速度 g 和流经毛细管液体的平均液柱高度 h 这三者的乘积）；$r(\text{m})$ 为毛细管的半径；$V(\text{m}^3)$ 为流经毛细管的液体体积；$t(\text{s})$ 为 V 体积液体的流出时间；$l(\text{m})$ 为毛细管的长度。

同一粘度计在相同条件下测定两个液体的粘度时，他们的粘度之比就等于密度与流出时间之比

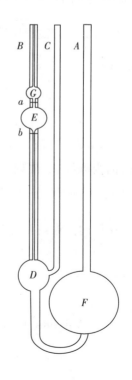

$$\frac{\eta_1}{\eta_2}=\frac{\rho_1 t_1}{\rho_2 t_2}$$

如果用已知粘度 η_1 作为参数液体,则待测液体的粘度 η_2 可通过上式求得。

三、仪器与药品

超级恒温槽、乌氏粘度计、乳胶管、弹簧夹、秒表。

浓度分别为 $\rho_i=10,20,30,40\ \text{kg}\cdot\text{m}^{-3}$ 的聚乙二醇水溶液。

四、实验步骤

(1)将恒温水槽调至 30 ℃±0.1 ℃;

(2)洗涤粘度计。

先用热洗液(经砂蕊漏斗过滤)浸泡,再用自来水、蒸馏水冲洗。经常使用的粘度计则用蒸馏水浸泡,去除留在粘度计中的高聚物,粘度计的毛细管要反复用水冲洗。

(3)测出溶剂流出时间 t_0

先在粘度计的 C 管和 B 管的上端套上干燥洁净的乳胶管,在铁架台上调节好将粘度计的垂直度和高度(用吊锤检查是否垂直),然后将粘度计安放在恒温水槽水浴中(G 球及以下部位应在水浴的液面下)。将 40 ml 纯溶剂自 A 管注入粘度计内,恒温数分钟。夹紧 C 管上的乳胶管,使其不通大气。在 B 管的乳胶管上用洗耳球慢慢抽气,待液体升至 G 球的 1/2 左右即停止抽气,打开 C 管乳胶管上夹子使毛细管内液体同 D 球分开,用停表测定液面在 a、b 两线间移动所需时间。重复测定 3 次,每次相差不过 0.2 s～0.3 s,取平均值。

(4)测定溶液流出时间 t

分别将待测溶液加入乌氏粘度计,按照同样的方法测流出时间 t。

(5)测定实验温度下溶剂的密度 ρ_0 和各溶液的密度 ρ

五、数据处理

(1)记录并填写表 19 - 3：

表 19 - 3　记录表

	溶剂(水)	10 kg/m³ 溶液	20 kg/m³ 溶液	30 kg/m³ 溶液	40 kg/m³ 溶液
流出时间					
密度					
η_r					
η_{sp}					
$\dfrac{\eta_{sp}}{\rho_i}$					

(2)作 $\dfrac{\eta_{sp}}{\rho_i}$—$\rho_i$ 图，外推至 $\rho_i \rightarrow 0$ 时所得截距即为 $[\eta]$。

(3)取 30 ℃时常数 K、α 值，计算聚乙二醇的相对分子质量。

六、注意事项

(1)粘度计必须洁净，如果毛细管壁上挂有水珠，需用洗液浸泡(洗液经 2# 砂蕊漏斗过滤除去微粒杂质)。

(2)高聚物在溶剂中溶解缓慢，配制溶液时必须保证其完全溶解，否则会影响溶液起始浓度，而导致结果偏低。

(3)本实验中溶液的稀释是直接在粘度计中进行的，所用溶剂必须先在与溶液所处同一恒温槽中恒温，然后用移液管准确量取并充分混合均匀方可测定。

(4)测定时粘度计要垂直放置，否则影响结果的准确性。

七、思考题

乌氏粘度计中的支管 C 的作用是什么？能否去除 C 管改为双管粘度计使用？为什么？

实验二十　三组分等温相图的绘制

一、实验目的

(1)熟悉相律,掌握用三角形坐标表示三组分体系相图;

(2)掌握用溶解度法绘制相图的基本原理。

二、实验原理

对于三组分体系,当处于恒温恒压条件时,根据相律,其自由度 f^* 为:

$$f^* = 3 - \Phi$$

式中,Φ 为体系的相数。体系最大条件自由度 $f^*_{max} = 3 - 1 = 2$,因此,浓度变量最多只有两个,可用平面图表示体系状态和组成间的关系。通常是用等边三角形坐标表示,称之为三元相图,如图 20-1 所示。

等边三角形的三个顶点分别表示纯物 A、B、C,三条边 AB、BC、CA 分别表示 A 和 B、B 和 C、C 和 A 所组成的二组分体系的组成,三角形内任何一点都表示三组分体系的组成。图 20-1 中 P 点的组成表示如下:

经 P 点作平行于三角形三边的直线,并交三边于 a、b、c 三点。若将三边均分成 100 等份,则 P 点的 A、B、C 组成分别为:$A\% = Pa = Cb$,$B\% = Pb = Ac$,$C\% = Pc = Ba$。

苯—醋酸—水是属于具有一对共轭溶液的三液体体系,即三组分中二对液体 A 和 B,A 和 C 完全互溶,而另一对液体 B 和 C 只能有限度的混溶,其相图如图 20-2 所示。

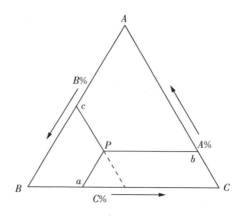

图 20-1　等边三角形法表示三元相图

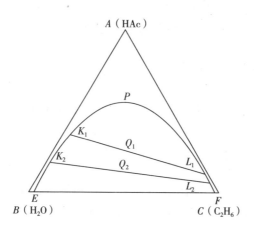

图 20-2　共轭溶液的三元相图

图 2-8-2 中，E、K_2、K_1、P、L_1、L_2、F 点构成溶解度曲线，K_1L_1 和 K_2L_2 是连结线。溶解度曲线内是两相区，即一层是苯在水中的饱和溶液，另一层是水在苯中的饱和溶液，曲线外是单相区。因此，利用体系在相变化时出现的清浊现象，可以判断体系中各组分间互溶度的大小。一般来说，溶液由清变浑时，肉眼较易分辨。所以本实验是用向均相的苯-醋酸体系中滴加水使之变成二相混合物的方法，确定二相间的相互溶解度。

三、仪器及药品

具塞锥形瓶(100 mL,2 只、25 mL,4 只),酸式滴定管(20 mL,1 支),碱式滴定管(50 mL,1 支),移液管(1 mL,1 支、2 mL,1 支),刻度移液管(10 mL,1 支、20 mL,1 支),锥形瓶(150 mL,2 只)。

冰醋酸(A. R.)、苯(A. R.)、NaOH(0.2000 mol·dm^{-3})、酚酞指示剂。

四、实验步骤

1. 测定互溶度曲线

在洁净的酸式滴定管内装水。

用移液管移取 10.00 mL 苯及 4.00 mL 醋酸,置于干燥的 100 mL 具塞锥形瓶中,然后在不停地摇动下慢慢地滴加水,至溶液由清变浑时,即为终点,记下水的体积。向此瓶中再加入 5.00 mL 醋酸,使体系成为均相,继续用水滴定至终点。然后依次用同样方法加入 8.00 mL、8.00 mL 醋酸,分别再用水滴至终点,记录每次各组分的用量。最后一次加入 10.00 mL 苯和 20.00 mL 水,加塞摇动,并每间隔 5 min 摇动一次,30 min 后用此溶液测连结线。

另取一只干燥的 100 mL 具塞锥形瓶,用移液管移入 1.00 mL 苯及 2.00 mL 醋酸,用水滴至终点。之后依次加入 1.00 mL、1.00 mL、1.00 mL、1.00 mL、2.00 mL、10.00 mL 醋酸,分别用水滴定至终点,并记录每次各组分的用量。最后加入 15.00 mL 苯和 20.00 mL 水,加塞摇动,每隔 5 min 摇一次,30 min 后用于测定另一条连结线。

2. 连结线的测定

上面所得的两份溶液,经半小时后,待二层液分清,用干燥的移液管(或滴管)分别吸取上层液约 5 mL,下层液约 1 mL 于已称重的 4 个 25 mL 具塞锥形瓶中,再称其质量,然后用水洗入 150 mL 锥形瓶中,以酚酞为指示剂,用 0.2000 mol·dm^{-3} 标准氢氧化钠溶液滴定各层溶液中醋酸的含量。

五、数据处理

(1)从附录中查得实验温度时苯、醋酸和水的密度。

(2)溶解度曲线的绘制

根据实验数据及试剂的密度,算出各组分的质量百分含量,图 2-8-2 中 E、F 两点数据如下:

体系		溶解度/ω_A%				
A	B	10 ℃	20 ℃	25 ℃	30 ℃	40 ℃
C_6H_6	H_2O	0.163	0.175	0.180	0.190	0.206
H_2O	C_6H_6	0.036	0.050	0.060	0.072	0.102

将以上组成数据在三角形坐标纸上作图,即得溶解度曲线。

(3)连结线的绘制

① 计算两瓶中最后醋酸、苯、水的质量百分数,标在三角形坐标纸上,即得到相应的物系点 Q_1 和 Q_2。

② 将标出的各相醋酸含量点画在溶解度曲线上,上层醋酸含量画在含苯较多的一边,下层画在含水较多的一边,即可作出 K_1L_1 和 K_2L_2 两条连结线,它们应分别通过物系点 Q_1 和 Q_2。

六、注意事项

(1)因所测体系含有水的成分,故玻璃器皿均需干燥。

(2)在滴加水的过程中须一滴一滴地加入,且需不停地摇动锥形瓶,由于分散的"油珠"颗粒能散射光线,所以体系出现浑浊。如果在 2~3 min 内仍不消失,即到终点。当体系醋酸含量少时要特别注意慢滴,含量多时开始可快些,接近终点时仍然要逐滴加入。

(3)在实验过程中注意防止或尽可能减少苯和醋酸的挥发,测定连结线时取样要迅速。

(4)用水滴定如超过终点,可加入 1.00 mL 醋酸,使体系由浑变清,再用水继续滴定。

七、思考题

(1)为什么根据体系由清变浑的现象即可测定相界?

(2)如连结线不通过物系点,其原因可能是什么?

(3)本实验中根据什么原理求出苯-醋酸-水体系的连结线?

八、讨论

(1)该相图的另一种测绘方法是:在两相区内以任一比例将此三种液体混合置于一定的温度下,使之平衡,然后分析互成平衡的二共轭相的组成,在直角坐标纸上标出这些点,且连成线。但此法较为繁琐。

(2)含有两固体(盐)和一液体(水)的三组分体系相图的绘制常用湿渣法。原理是平衡的固、液分离后,其滤渣总带有部分液体(饱和溶液),即滤渣,但它的总组成必定是在饱和溶液和纯固相组成的连结线上。因此,在定温下配制一系列不同相对比例的过饱和溶液,然后过滤,分别分析溶液和滤渣的组成,并把它们一一连成直线。这些直线的交点即为纯固相的成分,由此亦可知该固体是纯物还是复盐。

图书在版编目(CIP)数据

物理化学实验/卓馨,王聪主编 . --合肥 :合肥工业大学出版社,2024.8.

ISBN 978-7-5650-6227-8

Ⅰ.O64-33

中国国家版本馆 CIP 数据核字第 2024GS3837 号

物理化学实验

卓 馨 王 聪 主编		责任编辑 马成勋
出 版	合肥工业大学出版社	版 次	2024 年 8 月第 1 版
地 址	合肥市屯溪路 193 号	印 次	2024 年 8 月第 1 次印刷
邮 编	230009	开 本	710 毫米×1010 毫米 1/16
电 话	理工图书出版中心:0551-62903204	印 张	8.75
	营销与储运管理中心:0551-62903198	字 数	125 千字
网 址	press. hfut. edu. cn	印 刷	安徽联众印刷有限公司
E-mail	hfutpress@163.com	发 行	全国新华书店

ISBN 978-7-5650-6227-8   定价:30.00 元

如果有影响阅读的印装质量问题,请与出版社营销与储运管理中心联系调换